기초 회로 실험

김재문 저

머리말

컴퓨터 및 정보통신 분야를 포함한 최근 첨단산업사회에서 전기·전자공학의 중요성은 더욱 강조되어 왔고 이에 따른 신기술 개발과 발전 역시 거듭되어 오고 있다. 대학은 이러한 변화에 맞추어 전기·전자공학을 전공하는 학생들에게 반드시 습득해야 할 기초과목으로 회로이론과 실험실습을 병행하여 교육시키고 있다.

따라서 저자는 전기·전자회로의 기초가 되는 회로이론을 충분한 기본지식과 난해한 수식 전개 없이 실험을 통해 점진적으로 이해시키려는데 목적을 두고 본 교재를 집필하였다. 특히, 추상적인 개념 이해로 실험에 임하는 것을 배제하기 위해 각 장 마다 예제를 기술하여 학생 스스로 실험에 대한 이해력을 높이고 흥미를 유발시키도록 배려하였다.

본 교재의 구성은 1장에서 3장까지 실험의 기초지식과 테스터 사용방법에 대해, 4장에서 13장까지는 주로 직류회로와 관련된 실험으로 옴의 법칙, 키르히호프의 법칙, 테브난과 노튼의 정리, 밀만의 정리 등에 대해 다루고 있다. 또한, 14장에서 21장까지는 오실로스코프 사용법과 교류회로 관련 실험으로 리액턴스, RC 시정수, RC, RL, RLC 교류회로 및 공진회로에 대해 기술하였다.

각 장은 실험 목적에 충실하고 초보 전공자에게 도움이 되도록 기획하였고 예제를 통한 예습과 복습이 가능하도록 모든 풀이과정을 포함시켰다. 하지만 아직 미흡한 점이나 보충해야 될 부분이 많다고 생각되어져 이 부분에 대해서는 차후 독자 여러분의 충고와 격려로 지속적인 개선이 이루어질 계획이다.

끝으로 본 교재가 전기·전자공학과 관련된 전공자에게 조금이나마 도움이 되었으면 하며 그동안 따뜻한 조언과 격려를 아끼지 않으신 기한재 사장님을 비롯한 직원 여러분께 감사의 마음을 전한다.

목 차

실험 1 실험의 기초 지식

Ⅰ. 실험 목적

실험의 목적과 기본자세, 실험보고서 작성 의의, 실험 시 주의 사항 등에 대해 알아본다. 또한, 전기·전자회로 실험에서 사용되는 단위와 기호를 이해하고, 일반적으로 사용하는 단위의 배수에 대해 익힌다.

Ⅱ. 이 론

1. 실험의 목적 및 기본자세

실험의 목적은 이론에 대한 물리적 특성을 직접 확인하는 것이며 새로운 이론을 정립하기 위하여 거쳐야 하는 매우 중요한 과정이다. 대학에서 학생들은 실험과목을 통해 이론에서 배운 지식을 단지 증명하는데 그치는 것이 아니라 각종 실험에서 사용되는 계측장치나 부품들에 대해 능숙하게 사용하는 방법을 익히고 정확한 실험결과를 도출하여 보고서로 작성하는 요령을 습득해야 한다.

2. 실험보고서

실험보고서는 담당교수에 따라 차이는 있지만 기본적으로 예비보고서와 결과보고서로 나눌 수 있다. 예비보고서에서는 실험 주제에 대한 목적과 이론적 이해 그리고 회로결선 방법에 대한 분석과 계측기기 사용법에 대한 사전 숙지를 목적으로 작성하고, 결과보고서에서는 실험 종료 후 측정된 결과를 토대로 실험조건, 사용기기, 실험방법 및 결과 등을 구체적으로 작성한다.

1) 예비보고서 작성 시 내용

① 실험 제목

② 실험 목적

③ 실험 관련 이론 및 회로 결선 방법 정리

④ 실험 방법(실험기기 및 부품 관련 정보 포함)

2) 결과보고서 작성 시 내용

① 실험 제목

② 실험 목적

③ 실험기기 및 부품

④ 이론 정리

⑤ 실험방법

⑥ 실험 결과 및 고찰

3. 실험 시 주의사항

실험 전 예비보고서 작성을 통하여 실험의 목적 및 이론적 배경에 대해 숙지하고 담당 교수의 지시 사항에 주의를 기울여 안전사고가 일어나지 않도록 해야 한다. 또한, 각종 계측기는 정격과 정밀도 확인에 유의하여 선정하도록 하고 실험 시 파손에 주의한다. 실험이 종료되면 사용한 계측기 및 부품은 깨끗하게 정리 정돈한다.

4. 단위와 기호

전기·전자회로 실험에서 여러 가지 전기적인 물리량의 명칭과 그에 해당하는 기호 및 사용 단위는 [표 1.1]과 같다.

[표 1.1] 전기적인 물리량의 명칭(기호)과 사용 단위

명칭	기호	단위
전하(Electric Charge)	Q	$C(coulomb)$
전류(Current)	I	$A(ampere)$
전압(Voltage)	V	$V(volt)$
저항(Resistance)	R	$\Omega(ohm)$
컨덕턴스(Conductance)	G	$\mho(mho)$ 또는 $S(siemens)$
전력(Power)	P	$W(watt)$
에너지(Energy)	W	$J(joul)$ 또는 $Ws(watt\,\mathrm{second})$
커패시턴스(Capacitance)	C	$F(farad)$
인덕턴스(Inductance)	L	$H(henry)$
시간(Time)	t	$s(\mathrm{second})$
주파수(Frequency)	f	$Hz(hertz)$

[표 1.1]에 나타낸 단위들은 실제 전기·전자회로에서 너무 크거나 너무 작은 값을 가지므로 회로를 해석하거나 측정값을 표현할 때 매우 불편하다. 따라서 [표 1.1]에 주어진 단위 앞에 [표 1.2]와 같이 10의 누승에 해당하는 배수를 붙여 간단히 사용한다.

[표 1.2] 단위에 사용하는 10의 배수

명칭	기호	값	명칭	기호	값
Exa	*E*	10^{18}	*centi*	*c*	10^{-2}
Peta	*P*	10^{15}	*milli*	*m*	10^{-3}
Tera	*T*	10^{12}	*micro*	μ	10^{-6}
Giga	*G*	10^{9}	*nano*	*n*	10^{-9}
Mega	*M*	10^{6}	*pico*	*p*	10^{-12}
Kilo	*k*	10^{3}	*femto*	*f*	10^{-15}
Hecto	*h*	10^{2}	*atto*	*a*	10^{-18}
Deca	*da*	10^{1}			

Ⅲ. 실 험

1. 다음 값들을 [μs]로 변환하시오.

   1) 0.02[ms] = [μs]
   2) 500[ns] = [μs]
   3) 0.0017[s] = [μs]

2. 다음 값들을 10의 지수가 3 또는 -3의 형태가 되도록 변환하시오.

   1) 120,000 =
   2) 3,500 =
   3) 450 =
   4) 0.0047 =
   5) 0.00028 =
   6) 0.00000005 =

3. 다음 값들을 해당하는 단위로 변환하시오.

1) 5,000[Ω]	=	[kΩ]
2) 1,000[kΩ]	=	[MΩ]
3) 0.24[kΩ]	=	[Ω]
4) 0.002[A]	=	[mA]
5) 0.0015[mA]	=	[μA]
6) 25[A]	=	[mA]
7) 0.7[kV]	=	[V]
8) 30[mV]	=	[V]
9) 450,000,000[μV]	=	[mV]
10) 20[nF]	=	[pF]
11) 45[mH]	=	[H]
12) 8[GHz]	=	[MHz]

4. 다음 값들을 해당하는 단위로 변환하시오.

1) 2[G]	=	[k]
2) 1[M]	=	[G]
3) 45[m]	=	[μ]
4) 1[n]	=	[p]
5) 0.15[k]	=	[m]
6) 1,000[μ]	=	[m]

5. 다음을 계산하여 10의 지수 형태로 표현하시오.

1) $\frac{5\times 10^4}{2\times 10^2} =$

2) $\frac{1}{2.5\times 10^2} =$

3) $\frac{2\times 10^{-4}}{8\times 10^{-6}} =$

4) $\frac{10^7}{5\times 10^{-2}} =$

5) $\frac{9\times 10^{-12}}{3\times 10^2} =$

6) $\frac{20\times 10^4}{4\times 10^{-6}} =$

6. 보고서 작성 요령에 대해 간략하게 기술하시오.

7. 실험 시 주의 사항에 대해 간략하게 기술하시오.

실험 2 납땜 방법

Ⅰ. 실험 목적

회로와 회로간의 연결 또는 회로와 전자기기간의 연결에 있어 가장 확실하고 기초가 되는 납땜의 원리를 이해하고 그 방법을 실습을 통해 터득한다.

Ⅱ. 이 론

전기적으로 접합할 곳에 완전한 연결을 꼭 해 둔다는 것은 매우 중요한 사항이다. 접합할 금속과 금속의 틈에 납이 흘러 들어가 납과 금속의 합금이 만들어지는 것이 납땜이므로 금속표면을 깨끗이 하고 적당한 온도로 가열하여 확실하게 연결해야 한다.

1. 납땜에 필요한 공구들

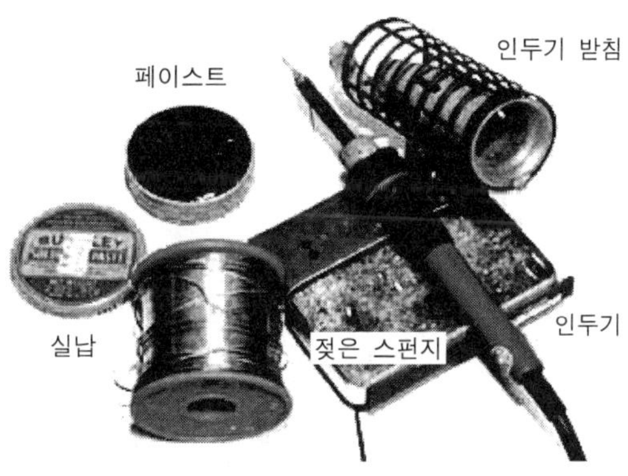

[그림 2.1] 납땜에 필요한 공구들

- 인두기: 납을 녹이는데 사용된다.
- 인두기 받침: 인두가 다른 물건에 닿거나 바닥으로 떨어지는 것을 막고, 화상을 입지 않도록 해 준다.
- 실납: 이것을 녹여서 회로를 연결한다.

- 페이스트: 납이 쉽게 퍼지게 하고 접합할 금속과의 융합이 잘 되도록 도와준다.
- 기판 고정대: 기판이 움직이지 않도록 고정해준다.
- 납 흡취기: 납땜이 잘못되었을 경우 납을 제거해 준다.
- 니퍼(nipper): 전선을 자르거나 피복을 벗길 때 사용한다.
- 라디오 뺀찌(long nose plier): 납땜할 때 뜨거워진 전선을 붙잡거나 좁은 공간의 전선이나 부품을 잡는데 사용한다.
- 젖은 헝겊이나 스펀지: 인두기의 끝이 오염되었을 때 닦아낸다.

2. 납땜용 땜납

땜납은 주석(Sn)과 납(Pb)의 합금인데 주석은 약 231℃, 납은 327℃에서 녹는다. 일반적으로 사용되는 납땜용 땜납은 주석 60%, 납 40%의 비율로 혼합한 것으로 180℃에서 녹게 되며 남땜 온도는 이보다 높은 온도에서 짧은 시간 동안 하는 것이 가장 좋다.

땜납의 외형은 0.8~3[mm] 직경의 송진이 들어있는 실납이 가장 많이 쓰이며, 송진 또는 송지(페이스트 또는 플럭스도 같은 용도임)가 실납의 중심 구멍에 들어 있다. 이 실납에 열이 가해지면 납이 녹기 전에 이것이 먼저 녹아 흘러 접합할 금속의 산화 피막화된 표면을 깨끗이 닦아 주며 그 표면의 산화를 막아 준다. 또한, 납의 표면장력을 낮추어 납이 퍼지기 쉽게 하고 접합할 금속과의 융합이 잘 되어 완전한 합금층을 만들 수 있게 한다. 이렇게 해서 납이 녹은 후 수지화하여 부착하게 된다.

3. 납땜 시 조건

1) 적당한 온도와 균열 가열

땜납이 모재(납땜 대상)와 접합하는 조건은 온도와 시간이라는 가열 조건이다. 납땜의 온도는 250℃를 적당한 온도로 본다. 인두 끝 온도는 사용 중에 온도가 떨어지므로 그보다 높은 280~380℃ 범위에서 사용한다. 또 2개 이상의 모재를 동시에 납땜할 때 모재가 균일하게 가열되도록 인두 끝을 접촉시켜야 한다.

2) 적당한 시간

인두 끝의 온도는 항상 변화하며 거기에 맞도록 가열시간을 변화시켜야 한다. 높은 온도의 인두 끝으로 순간적으로 변화하는 것 보다 낮은 온도로 긴 시간 납땜하는 것이 조건으로 보면 더 좋다. 최적시간은 모재의 크기에 따라 다르나 2초 전후가 적당하다.

3) 페이스트를 적당량 사용

모재에 알맞은 페이스트를 사용하며 페이스트의 양은 너무 과하지 않아야 한다. 페이스트의 잔류는 모재의 부식, 절연성을 저하시키는 수가 있으므로 납땜 전후에 깨끗이 닦아 주면 좋다.

4. 납땜의 양부(좋음과 나쁨)판정

납땜의 양부판정을 하는데 있어서 외관을 보고 판단하는 방법이 있다.

1) 색의 광택

글로 설명하기 어려우나 좋은 납땜은 납의 조성에 의한 색과 독특한 광택을 가진다. 즉, 광택에 의하여 양부의 안목을 키워야 한다. 납땜 표면에 얼룩이 있고 냉납이 되면 좋지 않은 것으로 판단한다.

2) 납땜의 경사각

모재의 납땜이 접촉하는 각도는 땜납의 흐름을 나타내는 정도이다. 이 각도를 땜납의 경사각이라 부르며 θ라 부른다. [그림 2.2]는 땜 경사각에 대한 납땜상태의 판정기준이다.

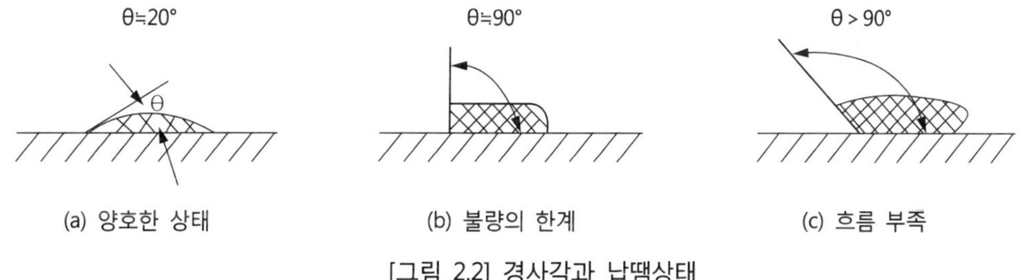

[그림 2.2] 경사각과 납땜상태

(a)에 표시한 것 같이 양호한 납땜상태의 θ는 약 20° 정도의 각도를 가진다. (b)와 같이 불량의 한계는 θ=90°이다. (c)는 땜납의 흐름 부족으로 물방울 같은 상태이며 약한 충격에도 쉽게 떨어진다.

3) 납량

[그림 2.3]은 납량의 기준으로 표시한 그림이다. 위쪽 그림은 판재 위에 리드(lead)선을 납땜한 상태이며, 아래쪽 그림은 기판의 구멍을 통해 리드선을 꼽은 상태를 나타낸다. 납량은 [그림 2.3] (b)와 같이 된 것을 적량으로 볼 수 있다. (a)와 같이 극단적으로 작은 납땜의 상태는 납땜 초기에는 그 결함이 나타나지 않으나 진동에 의해서 끊어지는 위험

이 있다. (c)와 같이 납량이 많은 경우는 주변 회로와 원치 않는 연결이 될 수도 있다.

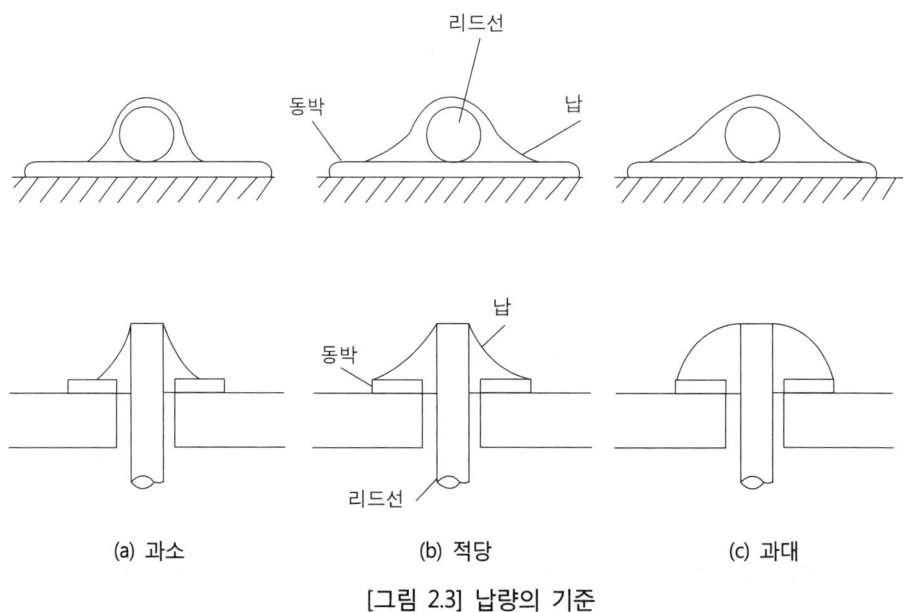

[그림 2.3] 납량의 기준

5. 납땜방법

1) 납땜용 인두기

인두기는 소비전력과 끝부분의 굵기로 구분하고 있으며, 트랜지스터용은 30[W] 정도로서 3~4[mm]의 굵기가 좋다. 모양은 일반적으로 [그림 2.4]와 같이 막대형과 권총형이 있다. 인두기는 오른손에, 실납은 왼손에 쥐고 실납을 인두기 끝에 대고 납을 입힌다. 인두기를 너무 과열하면 납이 붙지 않고 굴러 떨어진다. 인두기 끝은 줄이나 사포로 잘 닦아서 납을 먹어야 된다.

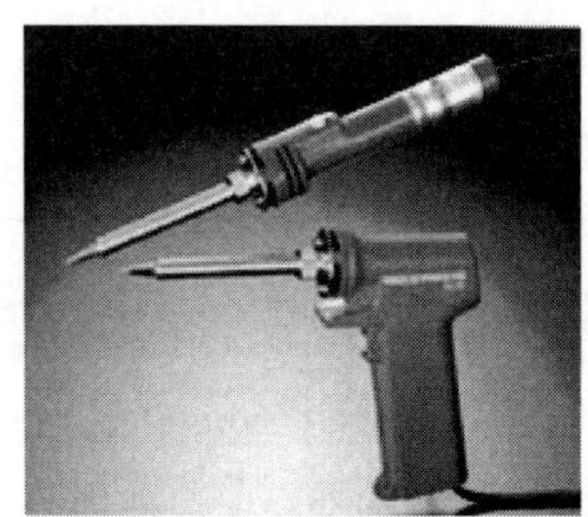

[그림 2.4] 인두기

작업성이 좋다고 해서 작은 단자에 60[W] 인두기를 쓰는 것은 좋지 않다. 인두기의 열용량 선정은 실제 사용해 보고 납땜 가능한 최저 열용량에 작업성을 고려하여 5~10[W] 정도 가산된 것이 적당하다. 또한, 일반적인 전자부품의 단자 또는 소형 굵기를 가진 선재의 땜납은 30[W] 이하의 열용량 인두가 적당하다.

2) 납땜 순서

납을 녹여서 붙이는 순서는 [그림 2.5]와 같이 우선 인두 끝을 접합할 곳에 대어 가열하면서 실납이 알맞게 녹아 들어가면 실납을 떼고 곧 인두를 뗀다. 이와 같은 과정을 2~5초 정도의 짧은 시간에 완성한다. 경우에 따라서는 순서를 달리 할 수도 있다.

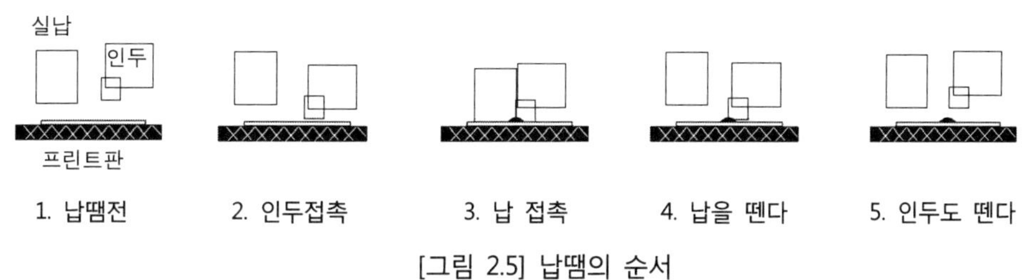

[그림 2.5] 납땜의 순서

3) 단자에 리드선 달기

가변저항 같은 부품의 단자에 리드선을 달 때 [그림 2.6]의 (a)와 같이 단순하게 납땜만을 연결하는 것 보다는 (b)와 같이 먼저 리드선과 단자를 기계적으로 고정 시킨 후에 납땜으로 접속하는 것이 좋다. 이때 단자와 리드선이 닿는 틈새 부분은 납이 들어가지 않으므로 리드선을 감기 전에 단자에 미리 납을 얇게 먹이는 것이 좋다.

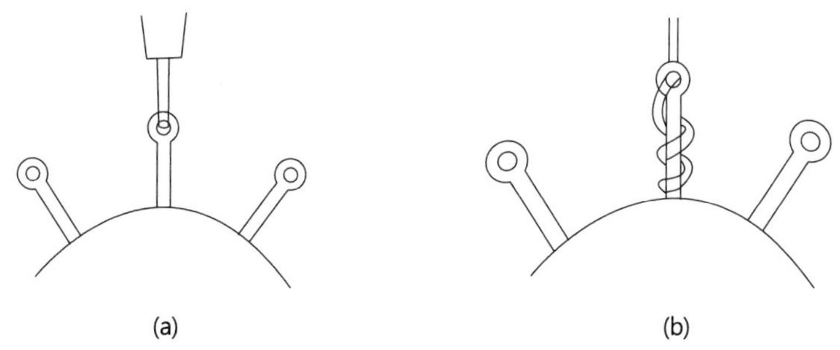

[그림 2.6] 부품단자에 리드선 달기

4) 리드선 끼리 연결하기

리드선 끼리 연결할 때도 마찬가지이다. [그림 2.7]의 (a)와 같이 단순하게 납땜만으로 연결하는 것 보다는 (b)나 (c)와 같이 먼저 리드선과 리드선을 꼬은 후에 납땜으로 접속하는 것이 좋다.

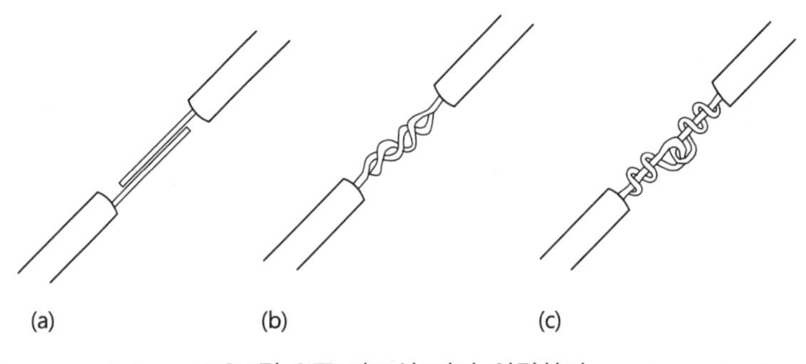

[그림 2.7] 리드선 끼리 연결하기

5) 기타

단자가 크고 면적이 넓거나 리드선이 굵고 여러 가닥인 경우는 각각의 소재에 미리 납을 먹인 후에 다시 열과 납을 추가하면 쉽게 붙일 수 있다.

6. 납땜 작업 시 주의사항

- 작업을 하기 시작 전에는 항상 주변을 깨끗하게 청소한다.
- 작업하기에 편리하도록 재료나 용구를 정리하는 습관을 기른다.
- 인두기를 가지고 장난하지 않는다.
- 가열된 인두기는 매우 뜨거우므로 안전사고와 본인 및 타인의 의복 등에 손상을 주지 않도록 각별히 주의하여야 한다.
- 장시간 사용하지 않을 경우 열에 의해 인두가 과열되어 파손되지 않도록 플러그를 콘센트에서 빼놓는다.
- 인두기 받침을 사용하여 화상이나 화재가 나지 않도록 안전하게 다룬다.
- 납땜한 선이 다시 떨어지거나 작업에 방해가 되지 않도록 전선을 잘 정리해 둔다.
- 창문을 열어 자주 환기시킨다.
- 사용 후 용구를 잘 정리해 둔다.

7. 납땜 작업에 편리하도록 납땜 공구 배치하기

[표 2.1]

왼쪽	가운데	오른쪽
· 실납 · 페이스트 · 니퍼 및 기타 공구	· 기판이나 작업할 회로	· 인두기 · 인두기 받침 · 젖은 헝겊

Ⅲ. 실험기기 및 부품

인두기	1개	라디오 뻰찌	1개
인두기 받침	1개	만능 기판	1개
실납	50[cm]	저항	여러 개
페이스트	1통	가변 저항	1개
납 흡취기	1개	리드선(0.4[mm])	100[cm]
니퍼	1개	연선(3[mm]Φ)	50[cm]

Ⅳ. 실험방법

1. 리드선 내부의 금속이 상하지 않도록 피복을 벗긴 후 2개를 납땜으로 연결한다.

2. 연선의 피복을 벗기고 서로 꼰 후에 2개를 납땜으로 연결한다.

3. 가변저항의 3개 단선에 각각 리드선을 연결한다.

4. 만능기판의 동박이 위로 향하게 놓은 후에 저항을 밑에서 위로 꼽아서 밀착시키고 납땜으로 고정시킨다. 남은 선은 니퍼로 자른다.

5. 3~5[cm] 길이의 리드선 양쪽 끝을 밑에서 위로 꼽아서 기판에 밀착시키고 납땜으로 고정시킨다. 남은 선은 니퍼로 자른다.

6. 만능기판의 인접한 동박이 서로 붙지 않도록 동박 하나를 납으로 일정하게 입히는 연습을 한다.

검토사항

1. 납땜으로 연결한 선들이 제대로 연결되었는지 구부리고 당기면서 확인한다.

2. 가변저항에 연결한 선들이 제대로 연결되었는지 확인한다.

3. 만능기판에 연결된 저항과 리드선이 제대로 연결되었는지 확인한다.

4. 만능기판에 납을 입힌 동박들이 들뜨지 않았는지 또는 서로 붙지 않았는지 확인한다.

5. 다른 학생의 것과 비교해 본다.

실험 3 테스터 사용법

Ⅰ. 테스터 사용시 주의사항

1. 여러 가지 소자들의 저항/전압/전류 등을 측정하기에 앞서 항상 영점조정을 해 주어야 한다.
2. 측정하기에 앞서 측정하고자 하는 소자의 전압과 전류가 직류 혹은 교류인지를 정확히 확인해야 한다.
3. 레인지(range)는 처음 예상값 보다 한 단계 크게 놓고 측정한다.
4. 예상값을 확인하지 못할 경우는 레인지를 가장 크게 놓고 측정한다.

Ⅱ. 아날로그 멀티테스터

멀티테스터는 회로시험기라고도 하며 전기회로의 통전 시험과 전압 및 전류 등의 시험을 하는 테스터기로 멀티미터(multimeter)라고도 한다.

멀티테스터의 종류로는 지침으로 눈금을 읽게 되어 있는 아날로그 테스터와 측정값이 직접 수치로 나타나는 디지털 테스터로 구분되며 다음과 같은 시험을 할 수 있다.

- 통전 시험: 단선, 저항 시험
- 직류 전압과 전류의 측정
- 교류 전압과 전류의 측정
- 작동기 저항 측정
- 다이오드 및 트랜지스터의 점검

1. 구조 및 명칭

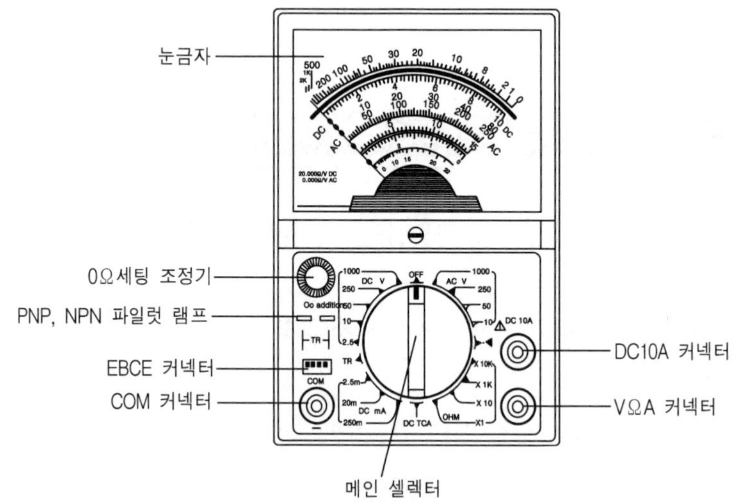

[그림 3.1] 아날로그 테스터

1) 눈금판: 저항[Ω], 직류(DC) 전압, 교류(AC) 전압, 전류 등의 수치를 읽을 수 있는 계기판을 말한다.
2) 0점 조정나사: 전압 및 전류 등을 점검할 때 지침을 왼쪽 0점에 미세 조정할 때 사용한다. 이때는 적색과 흑색의 테스트 리드선을 서로 접촉시키지 않는다.
3) 저항[Ω] 0점 조정기: 저항 측정 시 메인 셀렉터를 해당 저항에 선정한 후 적색과 흑색의 테스트 리드선을 서로 접속시킨 상태에서 0점 조정을 한다.
4) PNP 파일럿 램프: 트랜지스터를 EBCE 커넥터에 접속하였을 때 PNP 트랜지스터이면 소등된다.
5) NPN 파일럿 램프: 트랜지스터를 EBCE 커넥터에 접속하였을 때 NPN 트랜지스터이면 소등된다.
6) EBCB 커넥터: PNP, NPN 트랜지스터를 구분하고자 할 때 설치하는 커넥터이다.
7) COM 커넥터: 측정할 때 테스트 리드선을 접속하는 커넥터이다.
8) DC10[A] 커넥터: 직류 10[A] 이하의 전류를 측정할 때 흑색 테스트 리드선을 연결하는 커넥터이다.
9) [V], [A], [Ω] 커넥터: 전압, 전류, 저항을 측정할 때 적색 테스트 리드선을 연결하는 커넥터이다.

2. 전압 측정

1) 적색 리드선을 [V], [Ω], [A] 커넥터에 접속한다.

2) 흑색 리드선을 COM 커넥터에 접속한다.

3) 메인 셀렉터를 해당 위치에 절환한다.

   (1) 직류 전압일 경우 : DC[V]

   (2) 교류 전압일 경우 : AC[V]

   (3) 측정하고자 하는 전압 보다 크거나 같은 수치에 맞춘다.

4) 지침이 왼쪽 0점에 일치하는가를 확인한 후, 필요시 0점 조정나사를 이용하여 조정한다.

5) 적색 리드선을 측정하고자 하는 단자의 (+)에, 흑색 리드선은 (-)단자에 접속한다. 단, AC 전압 측정시는 (+)와 (-)의 구분이 없으며 리드선은 반드시 병렬로 접속하여야 한다.

6) 눈금판을 판독한다.

3. 저항 측정

1) 적색 리드선을 [V], [Ω], [A] 커넥터에 접속한다.

2) 흑색 리드선을 COM 커넥터에 접속한다.

3) 메인 셀렉터를 해당 위치에 절환한다.

   (1) OHM×1: 낮은 서항(50[Ω] 이하)일 때 선택한다.

   (2) OHM×10: 비교적 높은 저항(50[Ω] 이상)일 때 선택한다.

   (3) OHM×1k: 상당히 높은 저항(2k[Ω] 이상)일 때 선택한다.

   (4) OHM×10k: 매우 높은 저항(20k[Ω] 이상)일 때 선택한다.

4) 적색과 흑색 리드선을 서로 접속시켜 0[Ω] 조정기로 0점 조정한다.
   0점은 테스터가 냉간일 때와 온간일 때가 달라지며 내부 배터리 용량에도 민감하므로 항상 배터리는 용량이 충분한 것을 사용하여야 하고 테스터를 사용하기 전에 스위치를 ON시켜 충분히 워밍업을 시켜두어야 한다. 따라서 매번 측정할 때 마다 0점 조정은 반드시 실시하여야 한다.

5) 0점 조정을 한 다음에는 다시 0점이 맞는가를 확인한다.

6) 리드선을 측정 부위에 접속한다. 저항을 측정할 때는 극성의 구별을 하지 않아도 된다.

7) 눈금판의 가장 윗부분 수치를 판독한다.

(1) OHM×1: 눈금판의 수치를 그대로 읽는다.

(2) OHM×10: 눈금판의 수치에 ×10을 하여 읽는다.

(3) OHM×1k: 눈금판의 수치에 ×1,000(1k)을 하여 읽는다.

(4) OHM×10k: 눈금판의 수치에 ×10,000(10k)을 하여 읽는다.

4. 전류 측정

1) 흑색 리드선을 COM 커넥터에 접속한다.

2) 메인 셀렉터를 DC 10[A] 또는 DC [mA]에 절환한다.

(1) DC 10[A]: DC 10[A] 이하를 측정할 때 선택한다.

(2) [V], [A], [Ω]: 직류 250[mA] 이하를 측정할 경우에 접속한다.

3) 테스트 리드선을 측정 부위에 직렬로 접속한다.

4) 눈금판의 눈금을 판독한다.

5. 트랜지스터의 구분

1) 메인 셀렉터를 Tr 위치에 선정하고 PNP, NPN 파일럿 램프가 점등되는가 확인한다.

2) 트랜지스터 단자를 EBCE 커넥터에 접속할 때 해당 파일럿 램프가 소등되므로 PNP와 NPN을 구분할 수 있다.

6. 통전 시험

1) 적색 리드선을 [V], [Ω], [A] 커넥터에 접속한다.

2) 흑색 리드선을 COM 커넥터에 접속한다.

3) 메인 셀렉터를 OHM 또는 beep에 접속한다.

4) 테스트 리드선을 측정 부위에 접속한다. 극성의 구별은 없다.

(1) OHM일 때: 지침이 움직이면 정상, 움직이지 않으면 단선 상태이다.

(2) beep일 때: 부저가 울리면 정상, 울리지 않으면 단선 상태이다.

7. 다이오드 체크

다이오드의 극성을 잘 모르거나 이상 유무를 검사하는 방법을 소개한다. 다이오드는 양극으로부터 음극으로 전류가 흐르며 그 반대로는 전류가 흐르지 않는다는 점을 이용하여 순방향과 역방향의 저항을 측정하면 다이오드의 이상유무나 극성을 알 수 있다.

테스터를 저항계로 사용하는 경우 마이너스 단자(흑색 리드봉)에서 플러스 단자(적색 리드봉)로 전류가 흐른다는 것을 염두에 두고 있어야 한다(디지털은 반대로 되어 있음).

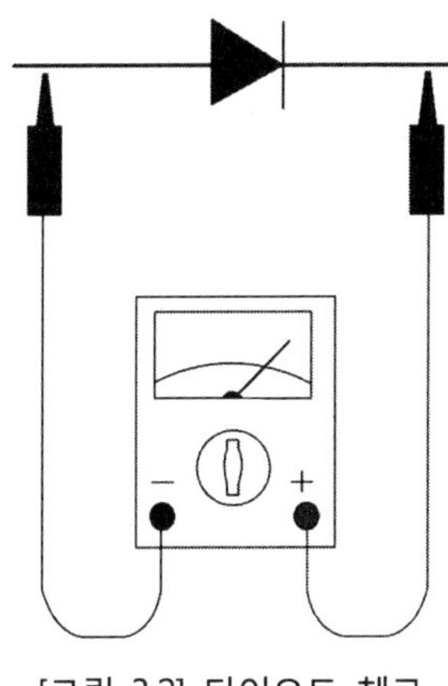

[그림 3.2] 다이오드 체크

따라서 레인지를 R(1)으로 하고 다이오드에 테스터 리드봉을 접속 했을 때 전류가 흐른다면 저항값이 측정되며 이때 마이너스(흑색 리드봉)쪽이 양극이 되고 플러스(적색 리드봉) 쪽이 음극이라 할 수 있다. 리드봉을 바꾸어 역방향으로 측정하면 저항이 무한대가 되어 바늘이 움직이지 않아야 정상인 다이오드이다.

즉, 정상인 다이오드는 순방향에서 10[Ω] 근처가 측정되며 역방향으로 측정하면 바늘이 움직이지 않는다. 그렇지 않는 것은 일단 불량품으로 판단해도 좋으며 발광 다이오드의 경우는 순방향일 경우 점등된다.

8. 트랜지스터 체크

트랜지스터는 두 개의 다이오드를 접속한 것과 같은 구조로 되어 있기 때문에 트랜지스터를 검사하는 것은 두 개의 다이오드를 검사하는 것과 같다.

그렇다고 해서 다이오드 두 개를 접속해서 트랜지스터로 사용하는 사람은 없으리라 믿는다. 그렇지만 트랜지스터의 핀 하나를 자르고 다이오드로 사용할 수는 있다.

1) NPN 트랜지스터

NPN 트랜지스터는 다음 그림과 같은 구조로 되어 있다. 위에서 설명한 다이오드 검사

방법으로 두 개의 다이오드를 검사해서 이상유무를 확인한다.

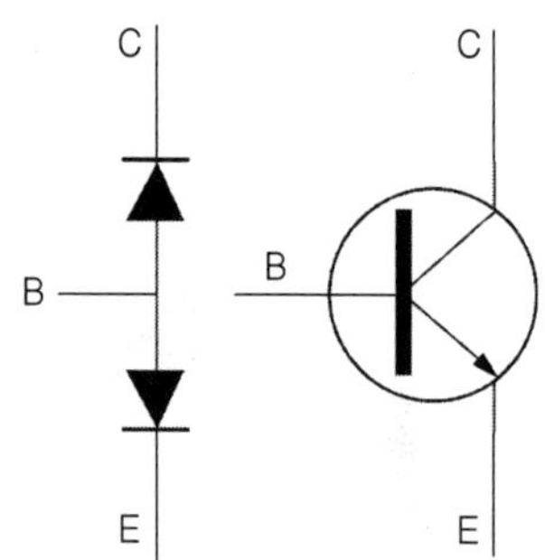

[그림 3.3] NPN 트랜지스터 체크

레인지를 R(10k)로 한 후 콜렉터와 이미터간을 측정한다. 콜렉터에 적색, 이미터에 흑색 리드봉을 접속했을 때 바늘이 1/3 정도 움직이며 역으로 하면 움직이지 않는다.

이것으로 이미터와 콜렉터를 구분할 수 있다.

2) PNP 트랜지스터

PNP 트랜지스터는 다음 그림과 같은 구조로 되어 있다. 위에서 설명한 다이오드 검사 방법으로 두 개의 다이오드를 검사해서 이상유무를 확인한다.

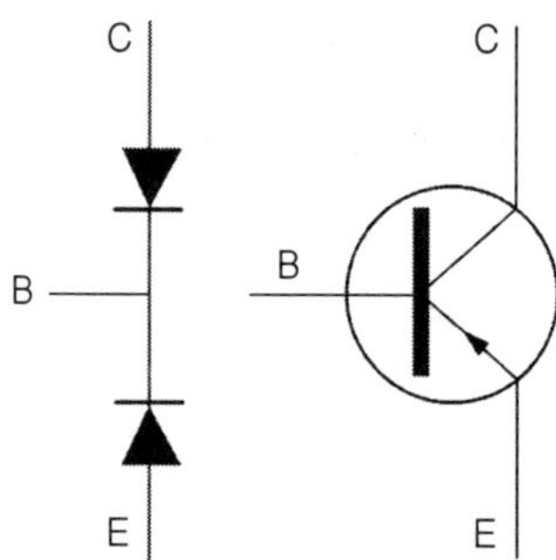

[그림 3.4] PNP 트랜지스터 체크

레인지를 R(10k)로 한 후 콜렉터와 이미터간을 측정한다. 콜렉터에 흑색, 이미터에 적색 리드봉을 접속했을 때 바늘이 1/3 정도 움직이며 역으로 하면 움직이지 않는다.

이것으로 이미터와 콜렉터를 구분할 수 있다.

9. 포토트랜지스터 체크

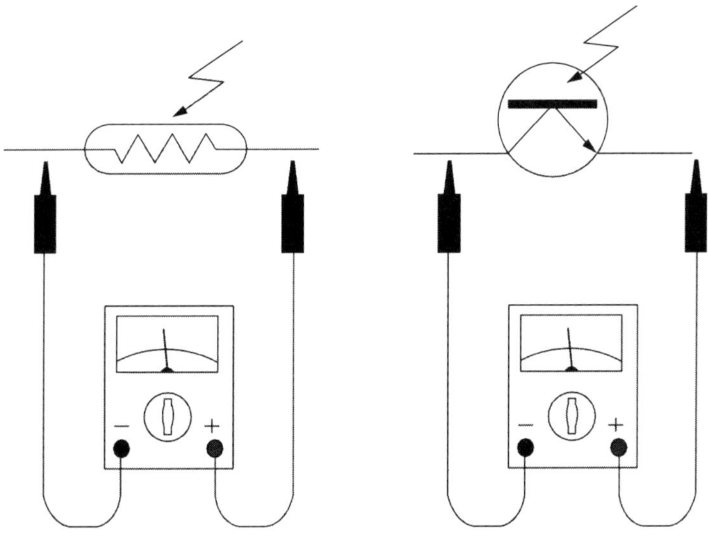

[그림 3.5] 포토트랜지스터 체크

R(1 ~ 100) 레인지로 측정하면 중간 정도 움직이며 빛을 비추거나 그림자가 생기게 하여 저항값이 가변되면 양품이며 저항값은 소자마다 다르게 측정된다. Cds는 무극성이나 포토트랜지스터는 극성이 있으므로 주의해야 한다.

실험 4 저항 측정

Ⅰ. 실험 목적

색코드(color code)를 사용한 저항값 판독법을 이해하고, 멀티테스터(VOM)나 디지털 멀티미터(DMM)로 저항값을 측정한다. 또한, 색코드를 사용한 저항값과 측정값의 백분율오차를 구한다.

Ⅱ. 이 론

본 장에서는 실험에 들어가지 전에 저항소자에 대한 기본 특성을 살펴보고자 한다. 도체(conductor)에 전류가 흐르면 자유전자는 다른 전자와 충돌하게 되고 이때 열에너지가 발생하여 자유전자의 이동을 방해한다.

이처럼 전자의 흐름인 전류를 방해하는 성질을 저항(resistance)이라 하고, 저항소자를 저항기(resistor) 또는 단순히 저항이라 부른다.

저항은 전기·전자기기의 내부에서 전류에 의한 전압 강하를 이용하기 위한 수동소자로서 기호와 단위는 각각 R과 Ω(Ohm, 옴)을 사용하며 회로도 상에서 [그림 4.1]과 같이 표시한다.

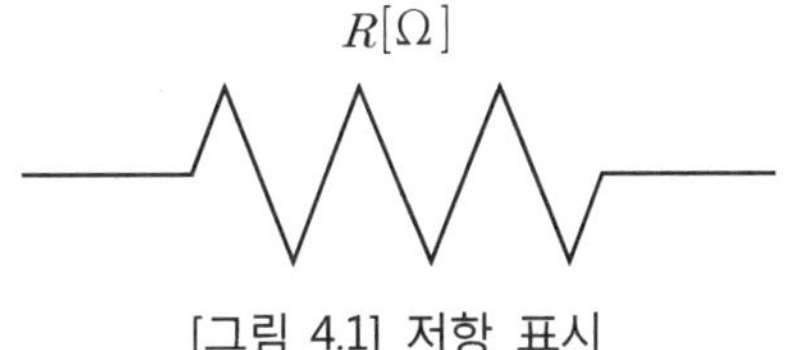

[그림 4.1] 저항 표시

또한, 저항이란 두 단자 사이의 전압이 단자 간 흐르는 전류에 비례하는 소자이며 이 비례계수를 저항이라 한다.

전압-전류가 [그림 4.2]와 같이 선형특성을 만족할 때

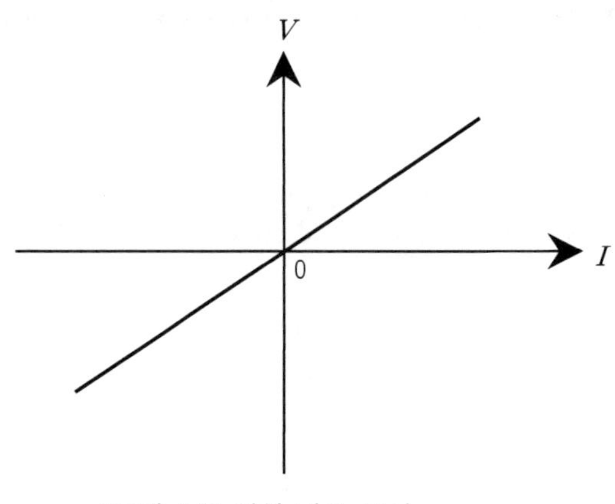

[그림 4.2] 전압-전류 곡선

$$V = RI \tag{4.1}$$

라고 표시할 수 있다. 여기서 저항 R은 곡선의 기울기이고 식 (4.1)의 전압-전류 관계식을 옴의 법칙(Ohm's Law)이라 한다.

저항의 역수를 컨덕턴스(conductance)라 하고 G로 표시하며 단위는 S(siemens, 지멘스)를 사용한다.

$$G = \frac{1}{R}[S] \tag{4.2}$$

저항은 전류의 흐름을 방해하는 작용을 하지만 전기·전자회로에서는 다음과 같은 이유로 사용되어진다.

- 전압이나 전류를 Tr(트랜지스터)나 IC가 필요로 하는 만큼 조절해서 보낸다.
- 콘덴서와 결합하여 잡음을 제거하거나 신호를 지연시킨다.
- 신호원으로부터 신호를 조정하고 적절한 크기로 회로에 전송한다.
- 저항이 방해한 전류는 열로 소비된다.

또한, 저항 선택 시에는 주파수특성, 잡음특성 및 저항온도계수에 관한 부수적인 특성도 고려해야 한다.

주파수특성

교류회로에서 저항은 높은 주파수 신호에 대해 부분적으로 콘덴서나 코일과 같은 성질을 보여 문제가 발생할 수 있다.

잡음특성

저항을 통과하면 잡음이 발생되고 이러한 잡음은 증폭되어 신호의 품질에 영향을 주게 된다. 따라서 정밀회로에서는 저잡음 저항을 사용해야 된다.

저항온도계수

온도계수란 1℃의 온도변화에 대해 저항값이 어느 정도의 비율로 변하는가를 나타내는 지표를 말한다. 온도계수는 보통 ppm/℃(즉, 백만분의 1)의 변화율로 표현한다.

저항의 종류는 크게 고정저항과 가변저항으로 나누어진다. 이중 고정저항에는 탄소피막(carbon film)형과 솔리드(solid)형 등이 있고, 가변저항에는 반고정 가변저항과 가변저항이 있다. 가변저항은 일반적으로 볼륨 등에 많이 사용된다.

[그림 4.3]은 가장 자주 쓰이는 탄소피막(carbon film)형의 외형 그림이다. 탄소피막형 저항 표면에는 보호용 도료가 칠해져 있으며 저항값과 오차값은 보통 4개의 색으로 코드화되어 표시하고 있다.

또한, 정격(허용) 전력은 수치로 표시하지 않고 저항의 외형 크기인 바깥지름으로 나타내며, 대표적으로 1/8[W], 1/4[W], 1/2[W], 1[W], 2[W] 등이 있다.

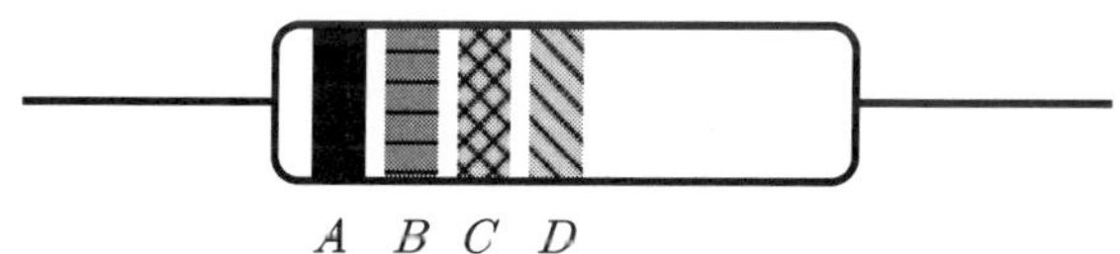

[그림 4.3] 탄소피막형 저항의 외형

저항값 판독은 색코드를 이용한다. 첫 번째(A)와 두 번째(B) 색코드는 유효숫자를 세 번째(C) 색코드는 두 숫자에 붙는 승수를 나타낸다. 네 번째(D) 색코드는 허용오차로 보통 금색 아니면 은색이며 각각 허용오차 ±5% 혹은 ±10%를 의미한다. 네 번째 색코드가 없을 경우 ±20%의 허용오차를 표시한다.

이 오차값은 색코드로 표시된 값으로부터 변할 수 있는 저항값 차이를 의미하며, 저항이 대량 생산되므로 재료나 제조공정상 변화에 의해 실제 저항값에 차이가 있을 수 있음을 고려한 것이다. 하지만, 대부분의 회로는 이 오차값에 크게 영향을 받지 않고 설계된 대로 정상 동작한다.

[표 4.1] 저항값 환산표(4색 코드 기준)

색(color)	A(첫째 자리)	B(둘째 자리)	C(승수)	D(허용오차)
흑색(Black)	0	0	$10^0=1$	-
갈색(Brown)	1	1	$10^1=10$	-
적색(Red)	2	2	$10^2=100$	-
등색(Orange)	3	3	$10^3=1k(kilo)$	-
황색(Yellow)	4	4	$10^4=10k$	-
녹색(Green)	5	5	$10^5=100k$	-
청색(Blue)	6	6	$10^6=1M(mega)$	-
자색(Violet)	7	7	$10^7=10M$	-
회색(Grey)	8	8	$10^8=100M$	-
백색(White)	9	9	$10^9=1G(giga)$	-
금색(Gold)	-	-	-	±5%
은색(Silver)	-	-	-	±10%
무색(No band)	-	-	-	±20%

저항값 판독법을 다음의 예로 알아보자.

[표 4.2] 저항값 판독 예

예	색코드				저항값	허용 오차	판독법
	A	B	C	D			
1	갈색	흑색	적색	금색	1[kΩ]	±5%	$AB\times 10^C = 10\times 10^2 = 10^3 = 1[k\Omega]$
2	등색	청색	등색	은색	36[kΩ]	±10%	$AB\times 10^C = 36\times 10^3 = 36[k\Omega]$
3	녹색	회색	청색	-	58[kΩ]	±20%	$AB\times 10^C = 58\times 10^6 = 58[M\Omega]$
4	자색	백색	황색	금색	790[kΩ]	±5%	$AB\times 10^C = 79\times 10^4 = 790[k\Omega]$

Ⅲ. 실험기기 및 부품

실험기기	멀티미터, 계산기
부품	330[Ω], 470[Ω], 1.2[kΩ], 2.2[kΩ], 3.3[kΩ], 4.7[kΩ], 5.6[kΩ], 10[kΩ], 22[kΩ], 68[kΩ] 각 1개씩

Ⅳ. 실험방법

1. 주어진 저항 10개에 대해 작은 저항값 부터 순서대로 하여 [표 4.3]을 완성하시오.

2. 측정값은 멀티미터로 측정한 결과를 기록하시오.

3. 백분율 오차는 다음 식으로 계산하시오.

$$\text{백분율 오차} = \frac{[\text{측정값} - \text{색코드값}]}{\text{색코드값}} \times 100\%$$

[표 4.3]

번호	색코드				색코드 저항값	허용 오차	측정값	백분율 오차
	첫째 자리	둘째 자리	셋째 자리	넷째 자리				
예	갈색	흑색	녹색	금색	1[MΩ]	±5%	0.98[MΩ]	-2%
1								
2								
3								
4								
5								
6								
7								
8								
9								
10								

4. 다음과 같은 색코드에 대해 저항값과 오차를 [표 4.4]에 기록하시오.

[표 4.4]

번호	색코드				색코드 저항값	허용오차
	첫째 자리	둘째 자리	셋째 자리	넷째 자리		
예	녹색	흑색	갈색	무색	500[Ω]	±20%
1	황색	등색	적색	금색		
2	적색	적색	적색	은색		
3	갈색	흑색	자색	금색		
4	녹색	자색	황색	은색		
5	적색	적색	녹색	무색		
6	등색	백색	황색	금색		
7	갈색	흑색	흑색	은색		
8	자색	황색	녹색	금색		
9	등색	적색	적색	무색		
10	갈색	회색	청색	은색		

5. 다음 저항값의 오차를 고려하여 최대 저항값과 최소 저항값을 [표 4.5]에 기록하시오.

[표 4.5]

번호	저항값	오차	최대 저항값	최소 저항값
예	$100[k\Omega]$	$\pm 1\%$	$101[k\Omega]$	$99[k\Omega]$
1	$2.2[k\Omega]$	$\pm 0.1\%$		
2	$120[M\Omega]$	$\pm 10\%$		
3	$470[\Omega]$	$\pm 5\%$		
4	$3.3[k\Omega]$	$\pm 2\%$		
5	$100[\Omega]$	$\pm 0.5\%$		

실험 5 옴의 법칙

Ⅰ. 실험 목적

저항 소자들로 구성된 회로에서 저항, 전압 및 전류의 상호 관계를 이해하고, 옴의 법칙을 실험을 통해 입증한다.

Ⅱ. 이 론

전기회로 안에서 전하의 흐름을 전류(current)라 하며, 전류의 흐름을 방해하는 작용을 전기저항이라 한다. 전류는 저항이 클수록 적게 흐른다. 독일 물리학자 옴(Ohm)은 1826년 고정저항의 전류-전압 관계는 선형관계(linear relationship)로 저항이 일정할 때 전류는 전압에 비례한다는 옴의 법칙을 도출하였다(식 (5.1)). 옴의 법칙은 전압 V, 전류 I, 저항 R의 관계를 나타내는 법칙으로 전기·전자공학에서 가장 기본이 되는 법칙이다.

$$V = RI \qquad I = \frac{V}{R} \qquad R = \frac{V}{I} \tag{5.1}$$

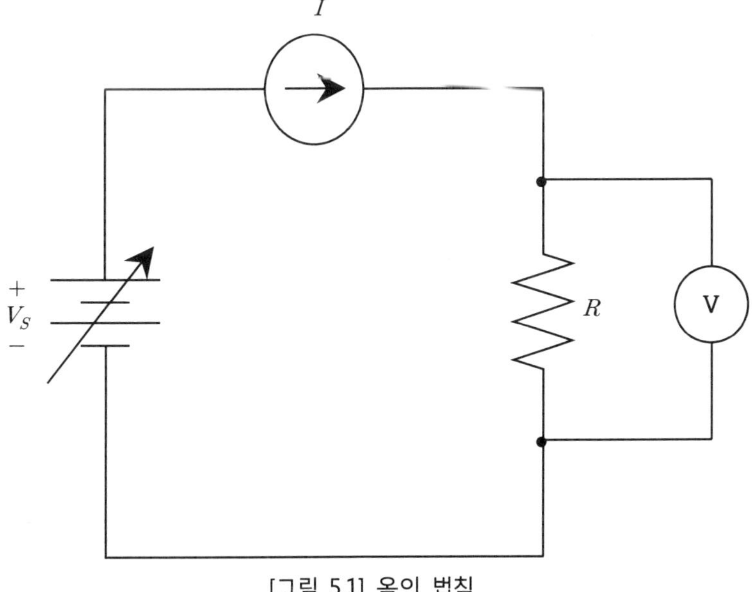

[그림 5.1] 옴의 법칙

[그림 5.1]로부터 저항 R이 일정한 경우 V와 I의 관계를 찾기 위해 전압계와 전류계를 사용한다. 예를 들어, 회로의 저항 R이 5[Ω]일 때 전압 V_S를 직류(DC) 0[V]에서 50[V]까지 5[V] 간격으로 측정하면 [표 5.1]과 [그림 5.2]와 같다.

[표 5.1] 저항 R=5[Ω]일 때 전압 V와 전류 I와의 관계

저항 R (5[Ω])	전압 V_s[V]	0	5	10	15	20	25	30	35	40	45	50
	전류 I[A]	0	1	2	3	4	5	6	7	8	9	10

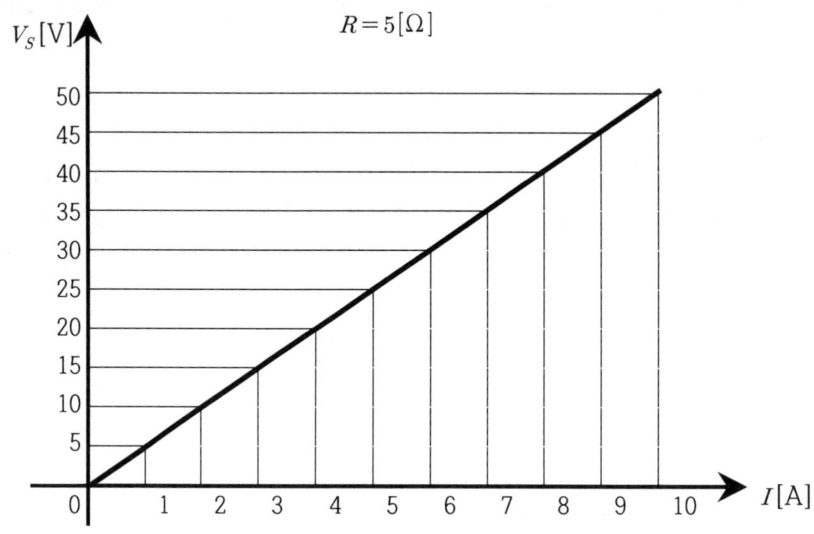

[그림 5.2] R=5[Ω]일 때 전압 V와 전류 I의 관계

[표 5.1]과 [그림 5.2]에서 알 수 있듯이 일정한 저항 크기에 대해 전압과 전류 관계는 직선적(선형적)으로 변화하며, 흐르는 전류는 전압에 비례하고 저항 크기에 반비례함을 알 수 있다.

 【예제 5.1】

저항 2.5[kΩ]을 통해 흐르는 전류가 5[mA]라 가정하자. 저항 양단에 나타나는 전압 V는 얼마인가?

풀이

옴의 법칙 $V=RI$로부터 $V=2.5[k\Omega]\times 5[mA]=12.5[V]$

【예제 5.2】

저항에 걸린 전압이 12[V]이고 전류가 1.5[mA] 흐른다. 저항의 크기는 얼마인가?

풀이

$$R=\frac{V}{I}=\frac{12[V]}{1.5[mA]}=8[k\Omega]$$

【예제 5.3】

다음 회로에 흐르는 전류는 몇 [mA]인가? 저항이 10[KΩ]으로 바뀌었을 때 전류는 몇 [μA]인가?

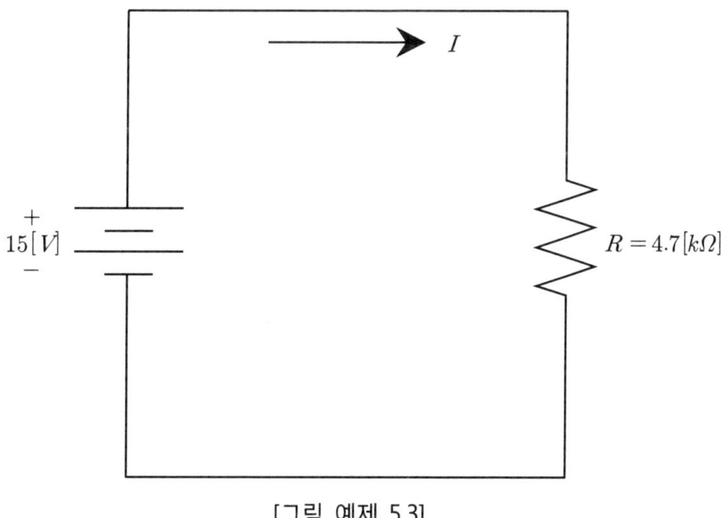

[그림 예제 5.3]

풀이

저항 $R = 4.7[k\Omega]$ 일 때 $I = \dfrac{V}{R} = \dfrac{15[V]}{4.7[k\Omega]} = 3.19[mA]$

저항 $R = 10[k\Omega]$ 일 때 $I = \dfrac{V}{R} = \dfrac{15[V]}{10[k\Omega]} = 1.5[mA]$

【예제 5.4】

단위 시간에 변환 또는 전송되는 전기에너지를 전력(power)이라 한다. 즉

$$P = W/t[W]$$

여기서 에너지와 전류는 각각

$$W = VQ[J],\quad I = \frac{Q}{t}[A]$$

로 표현할 수 있으므로 전력은

$$P = VI[W]$$

가 된다. 옴의 법칙을 이용하여 전력 P를 저항 R로 표시하시오.

풀이

옴의 법칙에 의해

$$V = RI,\quad I = \frac{V}{R}$$

이므로 전력을 저항으로 나타내면

$$P = VI = I^2R = \frac{V^2}{R}[W]$$

Ⅲ. 실험기기 및 부품

실험기기	직류전원공급기, 멀티미터, 브레드보드, 계산기, 리드선
부품	500[Ω], 1[kΩ], 2[kΩ] 각 1개씩

Ⅳ. 실험방법

1. 색코드 값이 500[Ω], 1[kΩ], 2[kΩ]인 저항값을 측정하여 [표 5.2]에 기록하시오.

[표 5.2] 저항값 측정

저항	색코드 값	측정값	백분율 오차
R_1	500[Ω]		
R_2	1[kΩ]		
R_3	2[kΩ]		

※ $\text{백분율 오차} = \dfrac{[\text{측정값} - \text{색코드값}]}{\text{색코드값}} \times 100\%$

2. 저항 500[Ω]과 직류전원공급기(power supply)를 이용하여 [그림 5.3]과 같이 연결하고, 전원공급기의 전압(V_S)을 1[V]에서 10[V]까지 1[V] 단위로 바꿔가며 전류를 측정한 후 그 결과를 [표 5.3]에 기록하시오.

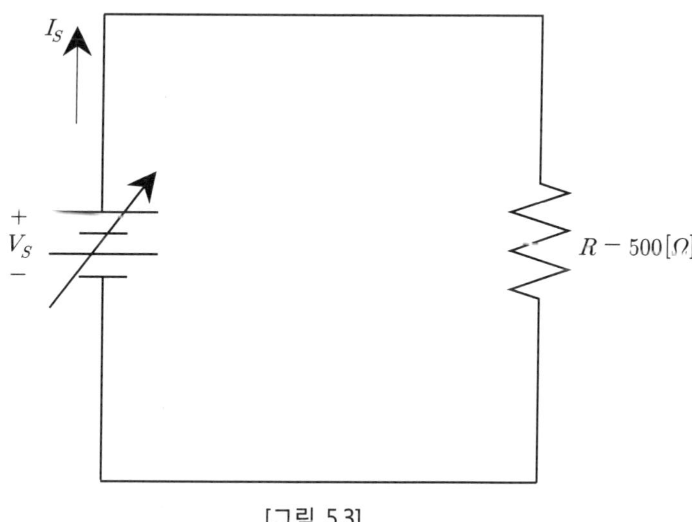

[그림 5.3]

[표 5.3] 저항 R=500[Ω]일 때 전압과 전류

전원 전압 V_S[V]		1	2	3	4	5	6	7	8	9	10
전류 I [mA]	측정값										
	이론값										

3. 저항 R을 1[kΩ]로 바꾼 후 실험 2)를 반복하고, 그 결과를 [표 5.4]에 기록하시오.

[표 5.4] 저항 R=1[kΩ]일 때 전압과 전류

전원 전압 V_S[V]		1	2	3	4	5	6	7	8	9	10
전류 I [mA]	측정값										
	이론값										

4. 저항 R을 2[kΩ]로 바꾼 후 실험 2)를 반복하고, 그 결과를 [표 5.5]에 기록하시오.

[표 5.5] 저항 R=2[kΩ]일 때 전압과 전류

전원 전압 V_S[V]		1	2	3	4	5	6	7	8	9	10
전류 I [mA]	측정값										
	이론값										

5. 실험 2), 3), 4)로부터 구한 결과인 [표 5.3]~[표 5.5]로부터 전압과 전류의 변화를 [그림 5.4]에 그리시오.

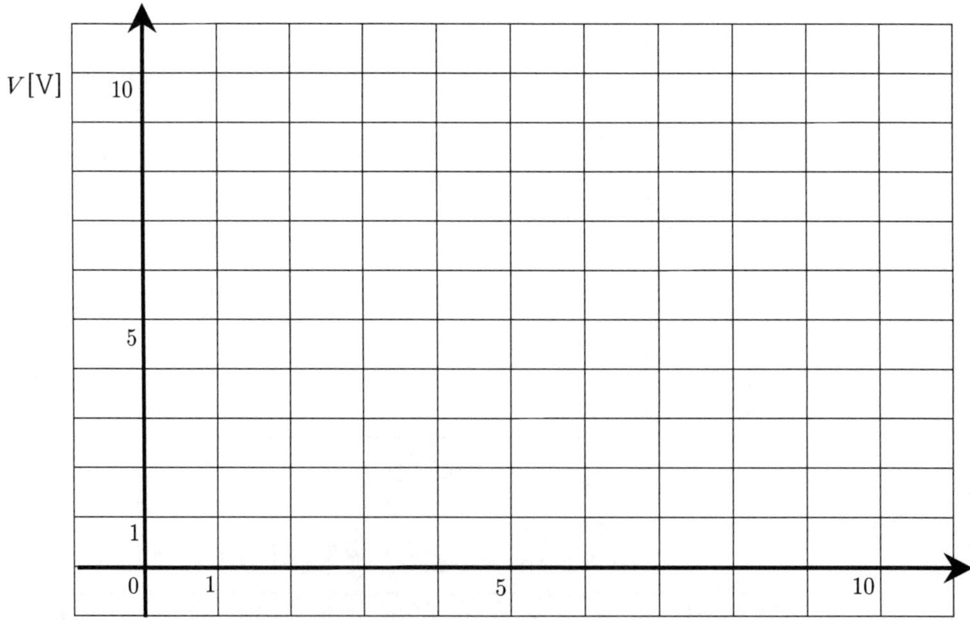

[그림 5.4] 전압과 전류 관계 그래프

6. 각 용어에 대해 설명하시오.

(a) 전류

(b) 전압

(c) 저항

(d) 전력

7. 옴의 법칙에 대해 간략히 정리하시오.

실험 6 직렬회로와 키르히호프의 전압법칙

Ⅰ. 실험 목적

저항의 직렬연결과 직렬회로의 특성을 실험을 통해 이해한다. 또한, 키르히호프의 전압법칙을 직렬회로에 적용하고 그 개념을 실험으로 확인한다.

Ⅱ. 이 론

저항을 연결하는 가장 기본적인 방법으로 직렬연결과 병렬연결이 있다. 이번 실험에서는 직렬 연결된 저항의 합성저항을 구하는 방법과 옴의 법칙을 적용하여 각 저항 양단의 전압을 계산하는 방법에 대해 알아본다.

또한, 전기회로를 해석하는데 유용한 키르히호프의 법칙에는 제1법칙인 키르히호프의 전류법칙(KCL: Kirchhoff's Current Law)과 제2법칙인 키르히호프의 전압법칙(KVL: Kirchhoff's Voltage Law)이 있다. 이번 실험에서는 키르히호프의 전압법칙에 대한 개념을 직렬회로에 적용하여 익힌다.

1. 직렬연결과 직렬회로에서의 옴의 법칙

[그림 6.1]에서와 같이 2개 이상의 소자(예, 저항)가 단일 경로 상에 연결된 경우 직렬연결 되었다고 한다. 이 저항들의 합성저항(전체저항, 등가저항)값 R_T는 각 저항의 단순 합으로 구할 수 있다.

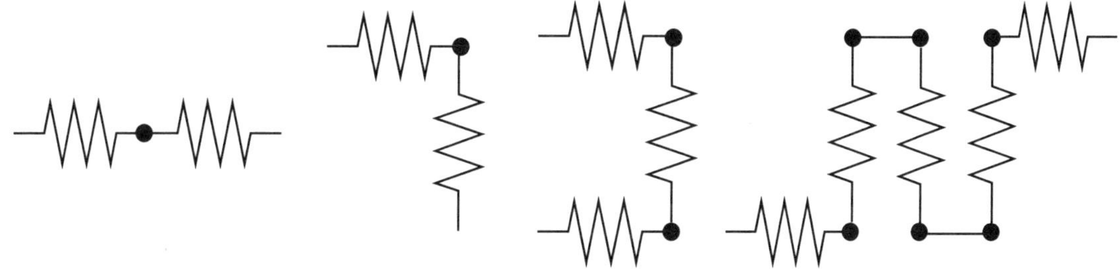

[그림 6.1] 저항의 직렬연결 예

[그림 6.2] (a)는 여러 개의 저항이 직렬로 연결된 직렬회로의 예이다. 전류 I_S는 전압원 V_S의 (+) 단자로부터 흘러나와 각 저항을 지나 전압원의 (-) 단자로 흘러 들어간다. 각 소자에 흐르는 전류(I_1, I_2, ⋯, I_n)의 크기는 모두 I_S와 동일하고 단 한 개뿐이다. [그림 6.2] (b)는 (a)에 대한 등가회로이고 직렬회로에 흐르는 전류와 합성저항은 각각 다음과 같은 관계가 성립한다.

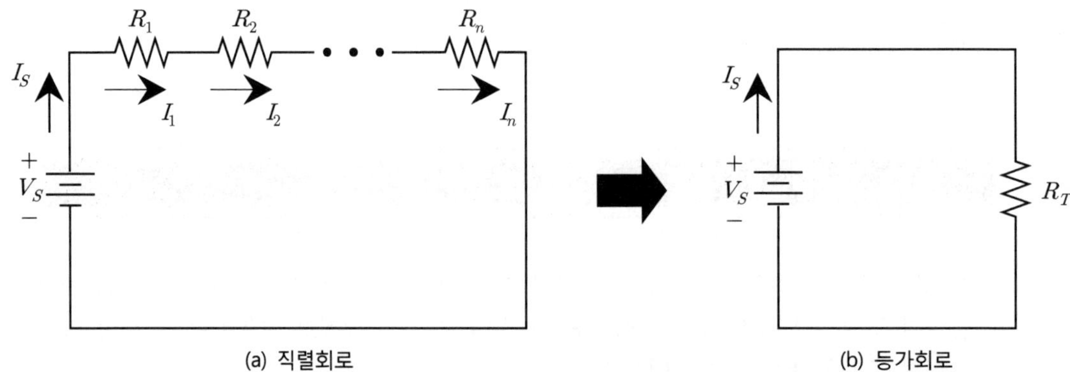

(a) 직렬회로 (b) 등가회로

[그림 6.2] 저항의 직렬회로

$$I_S = I_1 = I_2 = \cdots = I_n \tag{6.1}$$

$$R_T = R_1 + R_2 + \cdots + R_n \tag{6.2}$$

또한 이 회로에 흐르는 전류 I_S는 전압에 비례하고 저항에 반비례하는 옴의 법칙을 적용할 수 있다.

$$I_S = \frac{V_S}{R_T} \tag{6.3}$$

저항 R_1, R_2, R_3, ⋯, R_n 양단에 걸리는 전압 역시 옴의 법칙을 적용할 수 있다.

$$V_1 = R_1 I_S$$

$$V_2 = R_2 I_S$$

$$V_3 = R_3 I_S$$

$$\cdots$$

$$V_n = R_n I_S \tag{6.4}$$

저항에 전류가 흐르면 열에너지가 방출된다. 전력([power)은 단위시간동안 전기장치에 공급되는 전기에너지 또는 단위시간 동안 다른 형태의 에너지로 변환되는 전기에너지를 말하며 에너지 사용의 비율을 의미한다(즉, 에너지/시간).

일반적으로 전력의 기호는 P(Power)를 단위는 W(Watt)를 사용하고 P=1[W]란 1초 동안 1[J]의 에너지가 소모되었을 때 전력의 양이다. 전기회로에서 저항에 전류가 흐를 때 P=VI인 관계가 성립한다. 이는 옴의 법칙에 따라 다시 $P=RI^2$ 또는 V^2/R로 표현할 수 있다. 따라서 전력은 전류가 일정할 때 저항에 비례하고, 전압이 일정할 때 저항에 반비례한다.

2. 키르히호프의 전압법칙(KVL, Kirchhoff's Voltage Law)

키르히호프의 법칙은 옴의 법칙을 발전시킨 것으로 제1법칙인 전류법칙과 제2법칙인 전압법칙이 있다. 이 법칙의 의미는 직관적이고 간결하지만 회로를 해석하는데 매우 유용한 법칙이다. 이번 실험에서는 키르히호프의 전압법칙에 대해 알아본다.

> **키르히호프의 전압법칙**: 임의의 폐회로(닫힌회로)에서 회로 내 모든 전압들의 대수적인 총합은 항상 0이 된다.

$$\sum_{i=0}^{n} V_i = V_1 + V_2 + V_3 + \cdot\cdot\cdot + V_n = 0 \tag{6.5}$$

키르히호프의 전압법칙은 식 (6.5)와 같이 정의되지만 임의의 폐회로를 한쪽 방향을 따라 순회할 때 그 회로의 전압원의 총합은 각 저항에 의한 전압 강하의 총합과 같다는 의미도 된다. 이 의미를 [그림 6.3]을 통해 살펴보면 먼저 회로의 순회 방향(시계방향 또는 반시계방향)을 정하고 그 방향으로 돌아가는 모든 전압원(전압 상승)과 전압강하(RI)의 부호를 정한다. 그러면 저항과 전류의 곱의 총합은 같은 폐회로 내에 포함된 전압원의 총합과 같게 된다.

이 법칙은 직류와 교류 모두 적용할 수 있으며, 에너지 보존법칙에 근거를 둔다. [그림 6.3]의 회로는 2개의 전압원과 3개의 저항으로 구성된 직렬회로이다.

이 폐회로를 일주하는 전류는 저항에 흘러 들어갈 때 전압강하가 생기며 흘러 들어오는 쪽이 (+), 흘러 나가는 쪽이 (-)이다. [그림 6.3]에 시계방향($A \rightarrow B \rightarrow C \rightarrow D$)으로 일주하면서 KVL을 적용하면

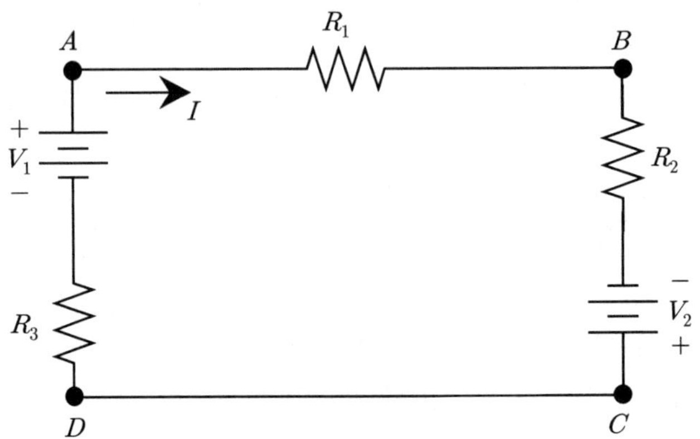

[그림 6.3] 키르히호프의 전압법칙

$$R_1 I + R_2 I + (-V_2) + R_3 I + (-V_1) = 0 \tag{6.6}$$

가 된다. 따라서 전압원의 합은 전압강하의 합과 같게 된다.

$$V_1 + V_2 = R_1 I + R_2 I + R_3 I \tag{6.7}$$

【예제 6.1】

15[kΩ]의 크기를 갖는 저항 R_1, R_2, R_3와 30[kΩ]의 크기를 갖는 저항 R_4가 직렬로 연결되면 합성저항 R_T의 크기는 얼마인가?

풀이

합성저항 R_T는

$$R_T = R_1 + R_2 + R_3 + R_4 = 15[k\Omega] + 15[k\Omega] + 15[k\Omega] + 30[k\Omega] = 75[k\Omega]$$

【예제 6.2】

다음 직렬회로의 합성저항, 전류 및 각 저항 양단에 분배되는 전압을 구하시오.

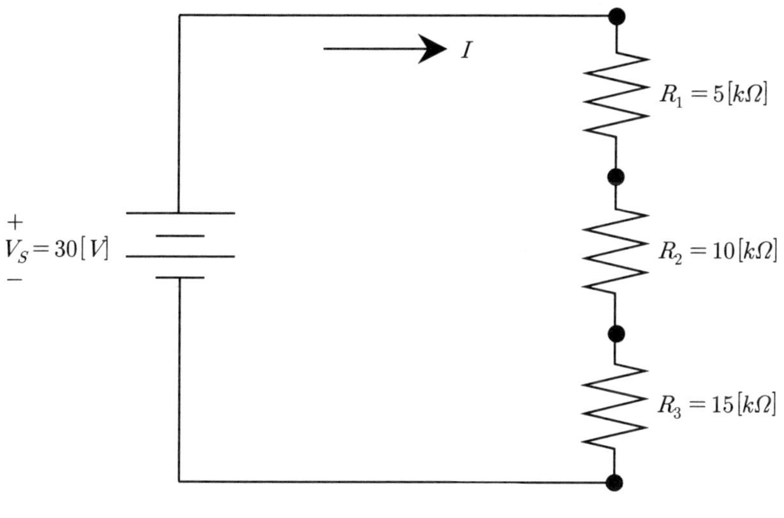

[그림 예제 6.2]

풀이

합성저항 R_T는

$$R_T = R_1 + R_2 + R_3 = 5[k\Omega] + 10[k\Omega] + 15[k\Omega] = 30[k\Omega]$$

전류 I_S는

$$I_S = \frac{V_S}{R_T} = \frac{30[V]}{30[k\Omega]} = 1[mA]$$

각 저항 양단에 분배되는 전압은 각각 다음과 같다.

$$V_1 = R_1 I_S = 5[k\Omega] \times 1[mA] = 5[V]$$
$$V_2 = R_2 I_S = 10[k\Omega] \times 1[mA] = 10[V]$$
$$V_3 = R_3 I_S = 15[k\Omega] \times 1[mA] = 15[V]$$

【예제 6.3】

다음 직렬회로에서 합성저항이 R_T=10[kΩ]이고 저항 R_1의 소비전력이 P_1=10[W]이다. R_1, I_S, V_S, V_1, V_2, V_3, V_4, P_S, P_2, P_3, P_4를 각각 구하시오.

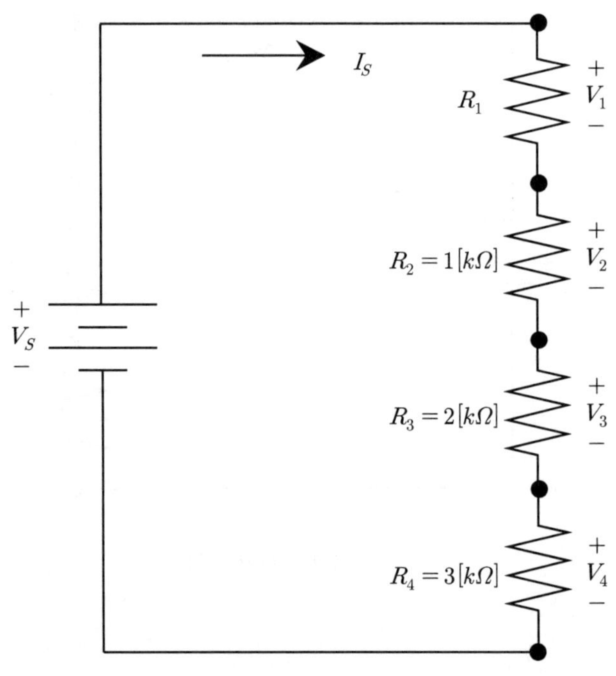

[그림 예제 6.3]

풀 이

$R_T = R_1 + R_2 + R_3 + R_4$ 로부터

$$R_1 = R_T - R_2 - R_3 - R_4 = 10[k\Omega] - 1[k\Omega] - 2[k\Omega] - 3[k\Omega] = 4[k\Omega]$$

$P = RI^2$ 으로부터

$$I_S = \sqrt{\frac{P_1}{R_1}} = \sqrt{\frac{10}{4000}} = 50[mA]$$

각 전압은

$V_S = R_T I_S = 10[k\Omega] \times 50[mA] = 500[V]$

$V_1 = R_1 I_S = 4[k\Omega] \times 50[mA] = 200[V]$

$V_2 = R_2 I_S = 1[k\Omega] \times 50[mA] = 50[V]$

$V_3 = R_3 I_S = 2[k\Omega] \times 50[mA] = 100[V]$

$V_4 = R_4 I_S = 3[k\Omega] \times 50[mA] = 150[V]$

각 전력은

$P_S = V_S I_S = 500[V] \times 50[mA] = 25[W]$

$P_2 = V_2 I_S = 50[V] \times 50[mA] = 2.5[W]$

$P_3 = V_3 I_S = 100[V] \times 50[mA] = 5[W]$

$P_4 = V_4 I_S = 150[V] \times 50[mA] = 7.5[W]$

【예제 6.4】

다음 회로에서 전압원 V_S의 크기를 키르히호프의 전압법칙을 이용하여 구하시오.

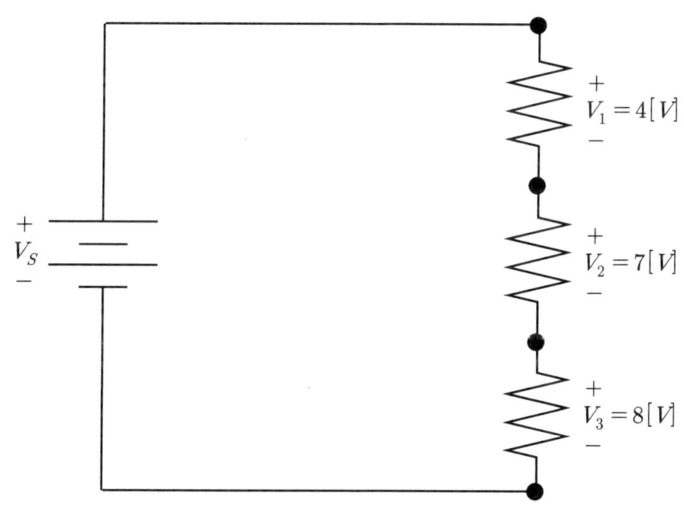

[그림 예제 6.4]

풀이

키르히호프의 전압법칙을 적용하면

$$-V_S + V_1 + V_2 + V_3 = 0$$

으로부터 다음과 같다.

$$V_S = 4[V] + 7[V] + 8[V] = 19[V]$$

【예제 6.5】

다음 회로에 대해 물음에 답하시오.

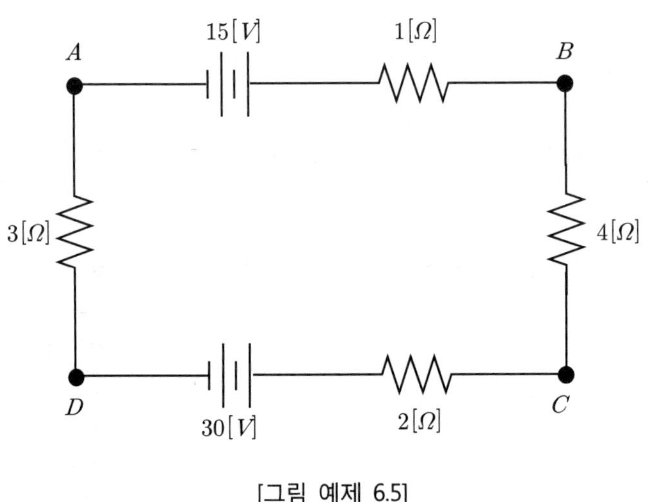

[그림 예제 6.5]

(a) 전류 I의 크기와 방향을 결정하시오.

(b) 전압 V_{AD}, V_{BD}의 크기는 각각 얼마인가?

(c) 단자 B와 C 사이의 저항 4[Ω]에 소비되는 전력은 얼마인가?

풀이

(a) 전류 I의 방향을 시계방향으로 가정하고 키르히호프의 전압법칙을 적용한다.

$$(3[\Omega] \times I) + (-15[V]) + (1[\Omega] \times I) + (4[\Omega] \times I) + (2[\Omega] \times I) + (30[V]) = 0$$

로부터 $I = -1.5[A]$이므로 실제 전류는 가정한 방향과 반대인 반시계방향으로 $I = 1.5$ $[A]$가 흐른다.

(b) $V_{AD} = 3[\Omega] \times 1.5[A] = 4.5[V]$

$$V_{BD} = (1[\Omega] \times 1.5[A]) + 15[V] + (3[\Omega] \times 1.5[A])$$
$$= 21[V]$$

(c) $P_{BC} = R^2 I = (4[\Omega])^2 \times (1.5[A]) = 24[W]$

Ⅲ. 실험기기 및 부품

실험기기	직류전원공급기, 멀티미터, 브레드보드, 리드선
부품	470[Ω], 1[kΩ], 1.2[kΩ], 1.5[kΩ], 3.3[kΩ], 4.7[kΩ] 각 1개씩

Ⅳ. 실험방법

1. 직렬회로의 특성

1) [그림 6.4]와 같이 회로를 구성하시오.

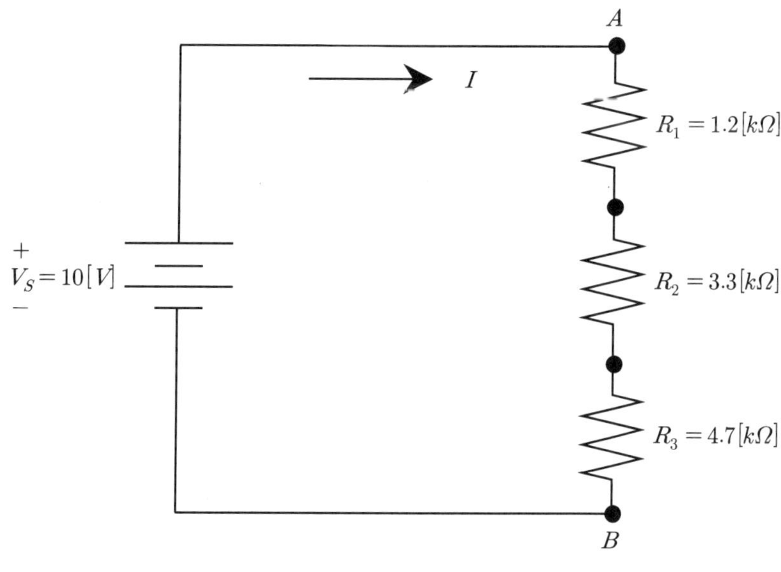

[그림 6.4]

2) 전원 V_S를 제거시킨 후 A-B 양단의 합성저항 R_T를 측정하고 [표 6.1]에 기록하시오.

[표 6.1]

합성 저항	측정값	이론값 ($R_T = R_1 + R_2 + R_3$)
R_T		

3) V_S에 10[V]의 전압을 인가했을 때 이 회로에 흐르는 전류 I를 계산하고 [표 6.2]에 기록하시오.

[표 6.2]

전류	이론값
I	

4) A점을 개방한 후 [그림 6.5] (a)와 같이 전류계를 이용하여 전류 I_A를 측정하시오. A점을 다시 연결하고 [그림 6.5] (b)와 같이 B점을 개방한 후 I_B를 측정하시오. 그 결과를 [표 6.3]에 기록하시오.

[표 6.3]

전류	측정값
I_A	
I_B	

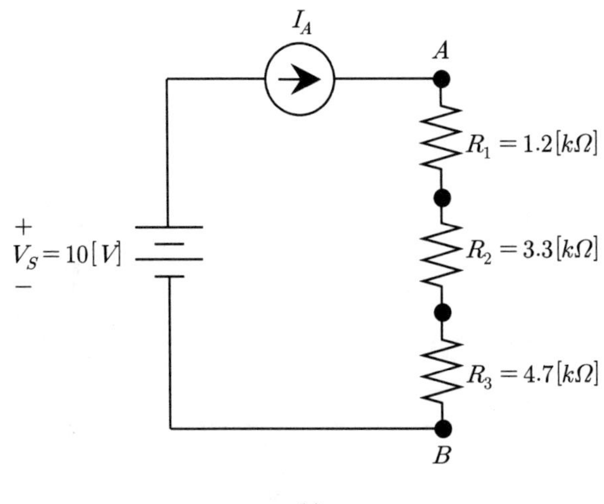

(a)

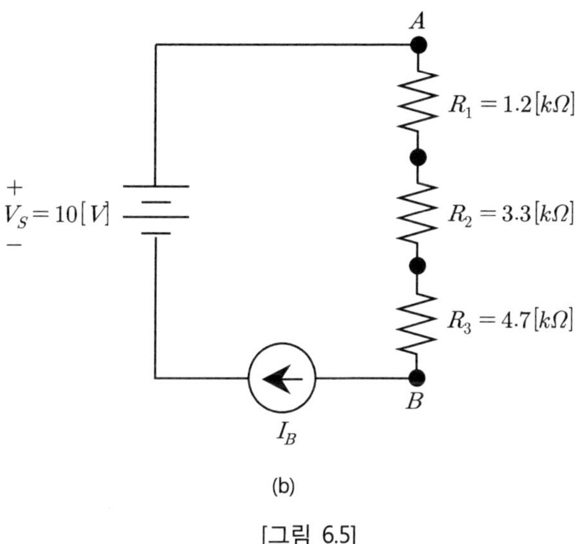

(b)

[그림 6.5]

5) 실험 3), 4), 5)를 통해 $I = I_A = I_B$가 성립하는지 확인하시오.

6) A, B점을 연결한 후 각 저항 양단의 전압 V_1, V_2, V_3를 계산하고 그 결과를 전압계를 이용하여 측정한 크기와 비교하시오.

[표 6.4]

전압	측정값	이론값
V_1		
V_2		
V_3		

7) 실험 6)을 통해 $V_S = V_1 + V_2 + V_3$가 성립하는지 확인하시오.

2. 키르히호프의 전압법칙

1) [그림 6.6]과 같이 회로를 구성하시오. 인가된 전원전압은 각각 V_{S1}=12[V]와 V_{S2}=6[V]이다.

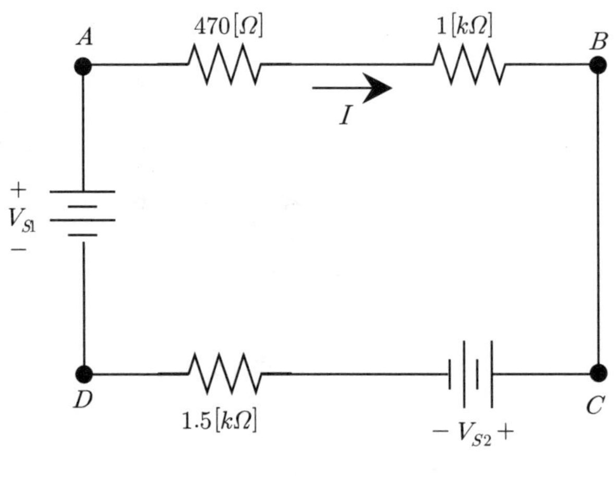

[그림 6.6]

2) 이 회로에 전류 I가 시계 방향으로 흐른다고 가정하고 키르히호프의 전압법칙을 이용하여 전류 I를 계산하시오. 또한, 회로의 A점을 개방(open)한 후 전류계를 이용하여 측정하고 그 결과를 [표 6.5]에 기록하시오.

[표 6.5]

전류	측정값	이론값
I		

3) A점을 연결하고 전압계를 이용하여 각 저항 양단의 전압강하를 측정한 후 [표 6.6]에 기록하시오.

[표 6.6]

전압	측정값
V_1	
V_2	
V_3	

4) 실험 3)을 통하여 키르히호프의 전압법칙인 $V_{S1} + V_{S2} = V_1 + V_2 + V_3$가 성립하는지 확인하시오.

[표 6.7]

$V_{S1} + V_{S2}$	$V_1 + V_2 + V_3$

3. 직렬연결과 직렬회로에 대해 간략히 기술하시오.

4. 키르히호프의 전압법칙에 대해 설명하시오.

실험 7 전압 분배기

Ⅰ. 실험 목적

직렬저항회로에서 전압분배의 원리를 이해하고, 가변저항을 이용한 전압분배기를 회로로 구성한 후 이를 실험을 통해 확인한다.

Ⅱ. 이 론

전원에 두 개 이상의 저항을 직렬로 연결하면 각 저항값에 따라 전압강하가 달라지며 전압원은 분배된다. 이와 같은 회로를 전압분배기(voltage divider)라 하며 큰 전압으로부터 원하는 출력전압을 만들어 낼 수 있다.

[그림 7.1]은 두 개의 저항 R_1, R_2가 직렬 연결된 전압분배기를 나타낸다. 전원 V_S에서 본 합성저항 R_T는

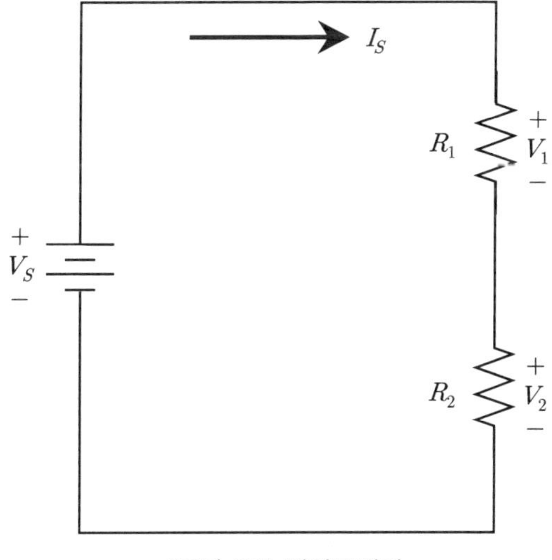

[그림 7.1] 전압분배기

$$R_T = R_1 + R_2 \tag{7.1}$$

이고, 전류 I_S는

$$I_S = \frac{V_S}{R_T} \tag{7.2}$$

가 된다. 그리고 각 저항 양단의 단자 전압은

$$V_1 = R_1 I_S = (\frac{R_1}{R_1 + R_2}) V_S \tag{7.3}$$

$$V_2 = R_2 I_S = (\frac{R_2}{R_1 + R_2}) V_S \tag{7.4}$$

로 분배되며, $V_S = V_1 + V_2$가 성립한다. 식 (7.3)과 (7.4)에서 알 수 있듯이 전압분배기의 출력전압은 합성저항 R_T에 대해 출력단자 사이에 있는 저항이 차지하는 비율을 전압원 V_S와 곱한 것과 같다는 것을 알 수 있다.

이를 일반화시키면 두 개 이상의 저항이 직렬연결된 전압분배기의 출력전압 V_x를 계산할 수 있다.

$$V_x = (\frac{R_x}{R_T}) V_S \tag{7.5}$$

여기서 R_x는 출력단자 사이의 저항값이다.

전압분배기 구성은 가변저항(potentiometer)을 많이 사용한다. 가변저항을 사용하면 전압분배기의 출력전압을 조정할 수 있다. 오디오의 볼륨이 이러한 가변 전압분배의 원리를 이용한 것으로 볼 수 있다.

가변저항은 [그림 7.2]와 같이 세 개의 단자로 구성되며 중간 탭(tap)을 기준으로 용도에 따라 두 개의 서로 다른 저항값을 조정할 수 있다.

(a) 가변저항기 외형

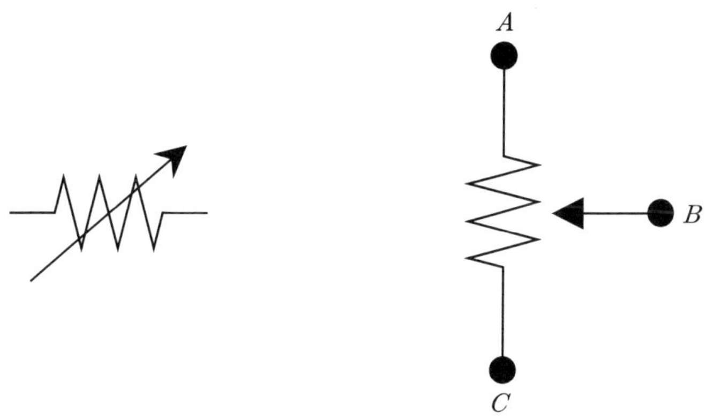

(b) 가변저항기 심벌

[그림 7.2] 가변저항기

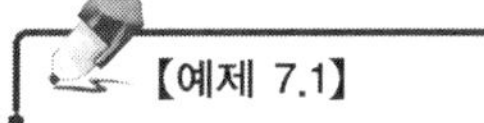
【예제 7.1】

다음 전압분배기에서 저항 R_1과 R_2 양단의 전압 V_1과 V_2을 각각 구하시오.

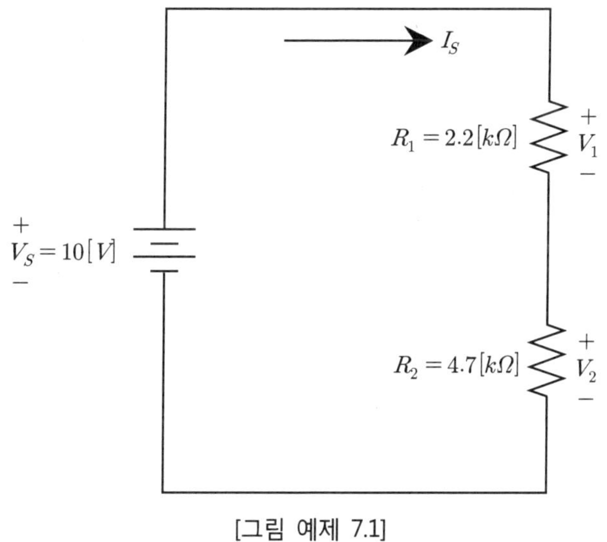

[그림 예제 7.1]

풀이

전압분배기의 출력전압 계산 공식 $V_x = (\frac{R_x}{R_T})V_S$을 이용한다. 우선, 합성저항 R_T는

$$R_T = R_1 + R_2 = 2.2[k\Omega] + 4.7[k\Omega] = 6.9[k\Omega]$$

이고 V_S는 10[V]이므로 전압 V_1과 V_2은 다음과 같이 풀이된다.

$$V_1 = (\frac{R_1}{R_T})\, V_S \equiv (\frac{2.2[k\Omega]}{6.9[k\Omega]}) \times 10[V] = 3.19[V]$$

$$V_2 = (\frac{R_2}{R_T})\, V_S \equiv (\frac{4.7[k\Omega]}{6.9[k\Omega]}) \times 10[V] = 6.81[V]$$

【예제 7.2】

다음 전압분배기에서 각 절점 사이의 전압을 구하시오.

(a) 절점: A-B, (b) 절점: B-C, (c) 절점: C-D, (d) 절점: A-C, (e) 절점: B-D

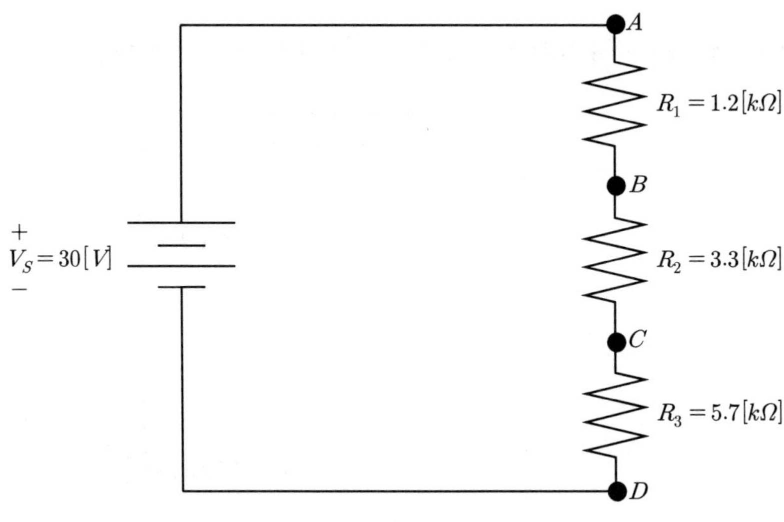

[그림 예제 7.2]

풀이

회로의 합성저항 R_T는

$$R_T = R_1 + R_2 + R_3 = 1.2[k\Omega] + 3.3[k\Omega] + 5.7[k\Omega] = 10.2[k\Omega]$$

(a) 절점 A-B 사이의 전압

$$V_{AB} = (\frac{R_1}{R_T})V_S = (\frac{1.2[k\Omega]}{10.2[k\Omega]}) \times 30[V] = 3.53[V]$$

(b) 절점 B-C 사이의 전압

$$V_{BC} = (\frac{R_2}{R_T})V_S = (\frac{3.3[k\Omega]}{10.2[k\Omega]}) \times 30[V] = 9.71[V]$$

(c) 절점 C-D 사이의 전압

$$V_{CD} = (\frac{R_3}{R_T})V_S = (\frac{5.7[k\Omega]}{10.2[k\Omega]}) \times 30[V] = 16.76[V]$$

(d) 절점 A-C 사이의 전압

$$V_{AC} = (\frac{R_1 + R_2}{R_T})V_S = (\frac{4.5[k\Omega]}{10.2[k\Omega]}) \times 30[V] = 13.24[V]$$

(e) 절점 B-D 사이의 전압

$$V_{BD} = (\frac{R_2 + R_3}{R_T})V_S = (\frac{9[k\Omega]}{10.2[k\Omega]}) \times 30[V] = 26.47[V]$$

Ⅲ. 실험기기 및 부품

실험기기	직류전원공급기, 멀티미터, 브레드보드, 리드선
부품	470[Ω], 1[kΩ], 1.5[kΩ] 가변저항(10[kΩ]) 각 1개씩

Ⅳ. 실험방법

1. 가변저항의 저항값 측정

1) [그림 7.2]와 같은 가변저항(10[kΩ])의 회전축을 반시계방향으로 완전히 돌려놓은 다음 저항값을 측정한 후 [표 7.1]에 기록하시오(중간 탭: 단자 B).

[표 7.1]

저항	측정값
R_{AC}	
R_{AB}	
R_{BC}	

2) 가변저항(10[kΩ])의 회전축을 시계방향으로 완전히 돌려놓은 다음 저항값을 측정한 후 [표 7.2]에 기록하시오(중간 탭: 단자 B).

[표 7.2]

저항	측정값
R_{AC}	
R_{AB}	
R_{BC}	

2. 전압분배기

1) [그림 7.3]과 같이 회로를 구성하시오.

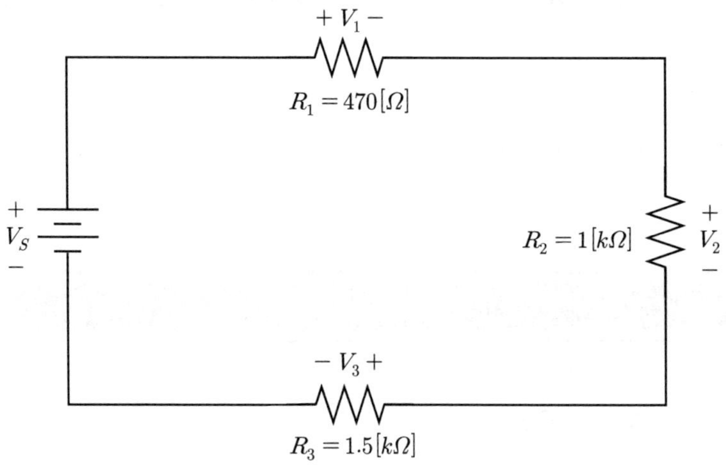

[그림 7.3]

2) 전압원 V_S가 10[V]일 때 각 저항 양단의 전압 V_1, V_2, V_3에 대해 측정값을 구한 다음 이론값과 비교하시오.

[표 7.3]

저항(R)	전압	측정값	이론값
$R_1(470[\Omega])$	V_1		
$R_2(1[k\Omega])$	V_2		
$R_3(1.5[k\Omega])$	V_3		

3) [표 7.3]의 결과로부터 $V_S = V_1 + V_2 + V_3$인 관계가 성립하는지 확인하시오.

4) [그림 7.4]와 같이 가변저항(10[kΩ])을 이용한 전압분배기를 구성하시오.

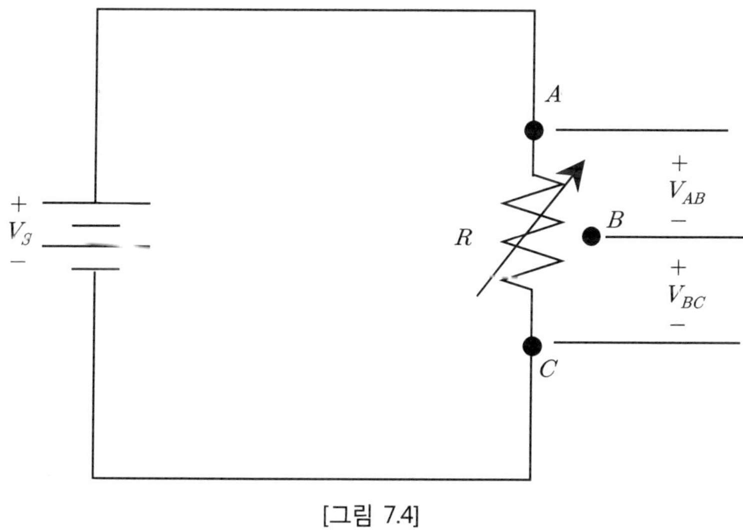

[그림 7.4]

5) 전압원 V_S를 10[V]로 인가하고 가변저항 B-C 양단의 전압 V_{BC}를 0[V]에서 10[V]까지 2[V]씩 증가하도록 가변저항을 조절하면서 [표 7.4]를 완성하시오.

[표 7.4]

V_{BC}	0[V]	2[V]	4[V]	6[V]	8[V]	10[V]
R_{BC}						
V_{AB}						
V_{BC}						

6) V_{BC}가 4[V]와 8[V]일 때 각각 $\frac{V_{BC}}{V_{AC}} = \frac{R_{BC}}{R_{AC}}$가 성립하는지 확인하시오.

7) 전원전압 V_S를 15[V]로 인가하고 가변저항 B-C 양단의 전압 V_{BC}를 0[V]에서 15[V]까지 3[V]씩 증가하도록 가변저항을 조절하면서 [표 7.5]를 완성하시오.

[표 7.5]

V_{BC}	0[V]	3[V]	6[V]	9[V]	12[V]	15[V]
R_{BC}						
V_{AB}						
V_{BC}						

8) V_{BC}가 3[V]와 9[V]일 때 각각 $\frac{V_{BC}}{V_{AC}} = \frac{R_{BC}}{R_{AC}}$가 성립하는지 확인하시오.

3. 전압분배의 법칙에 대해 설명하시오.

4. 전압분배기의 응용 예에 대해 조사하시오.

실험 8 병렬회로와 키르히호프의 전류법칙

Ⅰ. 실험 목적

저항의 병렬연결과 병렬회로의 특성을 실험을 통해 이해한다. 또한, 전류분배의 법칙과 키르히호프의 전류법칙을 병렬회로에 적용하고 그 개념을 실험으로 확인한다.

Ⅱ. 이 론

1. 병렬연결과 병렬회로의 특성

병렬연결이란 두 개 이상의 소자(예, 저항) 양단이 [그림 8.1]과 같이 공동으로 결선되어있는 경우를 말하며, 각 소자에 의해 서로 다른 전류 통로를 형성하면서도 동일 전압이 인가되도록 연결된 회로를 병렬회로라 한다.

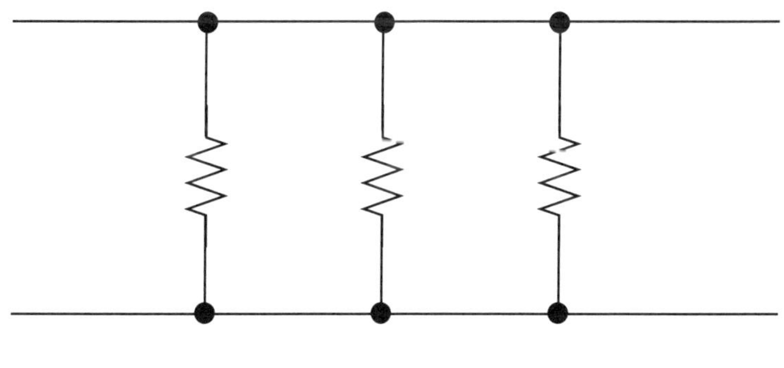

[그림 8.1] 병렬연결

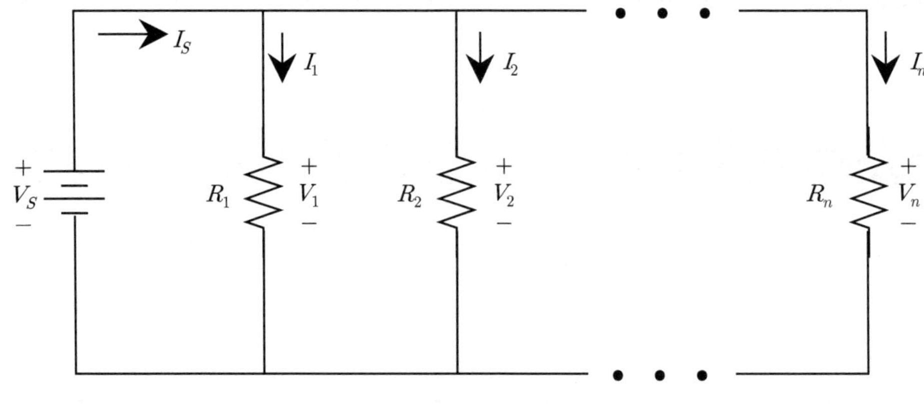

(a) 병렬회로

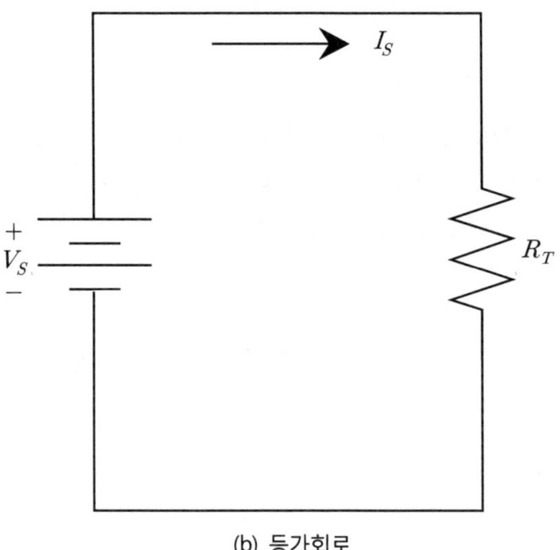

(b) 등가회로

[그림 8.2] 병렬회로와 등가회로

[그림 8.2]와 같은 병렬회로에서 각 저항 양단에 형성되는 지로전압은 인가된 전압원 V_S와 크기가 동일하다.

$$V_S = V_1 = V_2 = \cdots = V_n \tag{8.1}$$

또한, 각 저항에 흐르는 전류는 전압 V_S를 각 저항값으로 나눈 값이다.

$$I_1 = \frac{V_s}{R_1},\ I_2 = \frac{V_s}{R_2},\ \cdots,\ I_n = \frac{V_s}{R_n} \tag{8.2}$$

병렬회로에서 합성저항 R_T의 역수는 식 (8.3)과 같이 각 저항의 역수의 합과 같고,

$$\frac{1}{R_T} = \frac{1}{R_1} + \frac{1}{R_2} + \cdots \frac{1}{R_n} \tag{8.3}$$

병렬회로의 합성저항은 R_T는

$$R_T = \frac{1}{(\frac{1}{R_1} + \frac{1}{R_2} + \cdots \frac{1}{R_n})} \tag{8.4}$$

이다.

2. 전류분배의 법칙

[그림 8.2] (a)와 같은 병렬회로는 전류분배회로이며 원하는 소자에 필요한 전류를 분배시켜 흘려보낼 수 있다. 여기서 임의의 한 저항 R_x를 통해 흐르는 전류를 I_x라 하자. 옴의 법칙에 의해 저항에 흐르는 전류는 다음과 같다.

$$I_x = \frac{V_S}{R_x} \tag{8.5}$$

전압원 V_S는 등가회로인 [그림 8.2] (b)로부터

$$V_S = R_T I_S \tag{8.6}$$

가 되며 식 (8.5)의 V_S에 식 (8.6)을 대입하면

$$I_x = \frac{R_T I_S}{R_x} = (\frac{R_T}{R_x}) I_S \tag{8.7}$$

가 된다. 식 (8.7)은 임의의 병렬회로에 성립하는 전류분배식이다. 따라서 특정 지로저항 R_x에 흐르는 전류 I_x는 합성저항 R_T를 R_x로 나눈 다음 유입전류 I_S를 곱한 것과 같다.

특히 [그림 8.3]과 같이 두 개의 저항 R_1과 R_2가 병렬 연결된 회로에 흐르는 각각의 지로전류 I_1과 I_2는 식 (8.7)로부터 다음과 같이 얻을 수 있다.

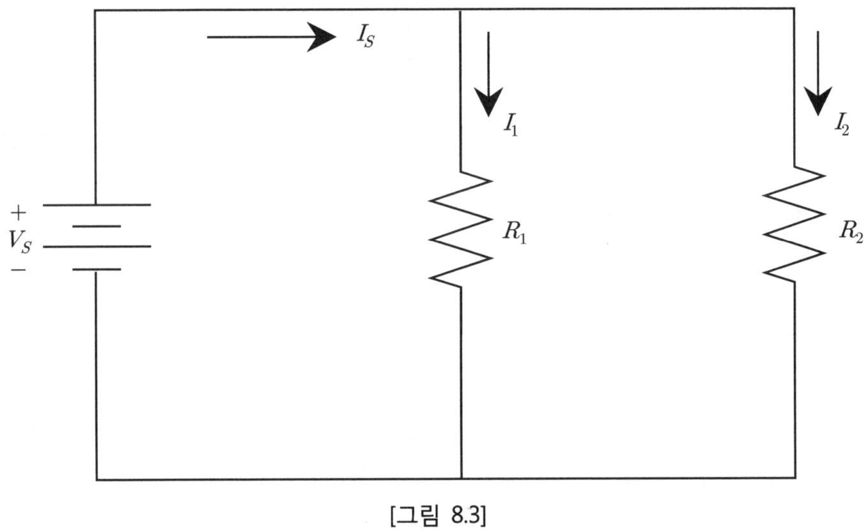

[그림 8.3]

$$I_1 = (\frac{R_T}{R_1})I_S = (\frac{\frac{R_1R_2}{R_1+R_2}}{R_1})I_S = (\frac{R_2}{R_1+R_2})I_S \tag{8.8}$$

$$I_2 = (\frac{R_T}{R_2})I_S = (\frac{\frac{R_1R_2}{R_1+R_2}}{R_2})I_S = (\frac{R_1}{R_1+R_2})I_S \tag{8.9}$$

3. 키르히호프의 전류법칙(KCL; Kirchhoff's Current Law)

키르히호프의 전류법칙: 임의의 한 점(접합점)을 통해 흘러들어오거나 흘러나가는 전류의 대수적인 총합은 0이 된다.

$$\sum_{i=0}^{n} I_i = I_1 + I_2 + I_3 + \cdot\cdot\cdot + I_n = 0 \tag{8.10}$$

여기서 흘러들어오는 전류의 부호는 (+), 흘러나가는 전류의 부호는 (-)로 정하며, 이는 전하가 접합점에서 저절로 생기거나 없어지지 않는다는 전하보존법칙에 근거를 두며 접합점을 통해 들어오는 전류의 합과 나가는 전류의 합이 같게 된다.

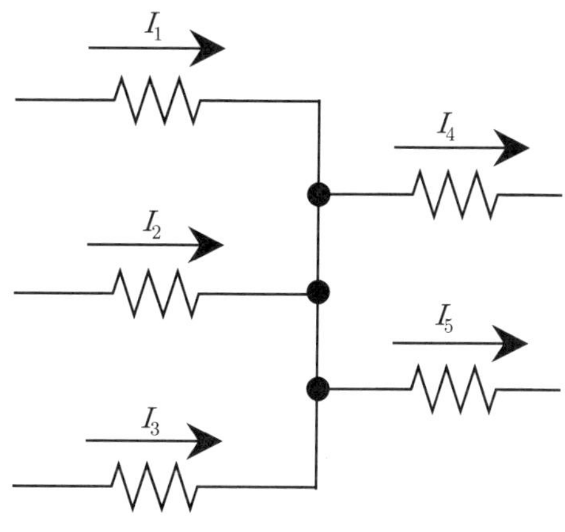

[그림 8.4] 키르히호프의 전류법칙

[그림 8.4]에 키르히호프의 전류법칙을 적용하면

$$I_1 + I_2 + I_3 + (-I_4) + (-I_5) = 0 \tag{8.11}$$

$$I_1 + I_2 + I_3 = I_4 + I_5 \tag{8.12}$$

가 된다.

【예제 8.1】

두 개의 저항 R_1=100[Ω]과 R_2=56[Ω]가 병렬로 연결되어 있다. 이 두 저항의 합성저항 R_T는 얼마인가?

풀이

$$R_T = R_1 // R_2 = \frac{R_1 R_2}{R_1 + R_2} = \frac{100[\Omega] \times 56[\Omega]}{100[\Omega] + 56[\Omega]} = 36[\Omega]$$

【예제 8.2】

세 개의 저항 R_1=220[Ω], R_2=330[Ω] 및 R_3=680[Ω]가 병렬로 연결되어 있다. 이 저항들의 합성저항 R_T는 얼마인가?

풀이

$$R_T = R_1//R_2//R_3 = \frac{1}{\frac{1}{R_1}+\frac{1}{R_2}+\frac{1}{R_3}} = \frac{1}{\frac{1}{220[\Omega]}+\frac{1}{330[\Omega]}+\frac{1}{680[\Omega]}} = 111[\Omega]$$

【예제 8.3】

다음 병렬회로에서 합성저항 R_T와 유입전류 I_S를 구하고 지로전류 I_1과 I_2를 전류분배법칙에 의해 구하시오.

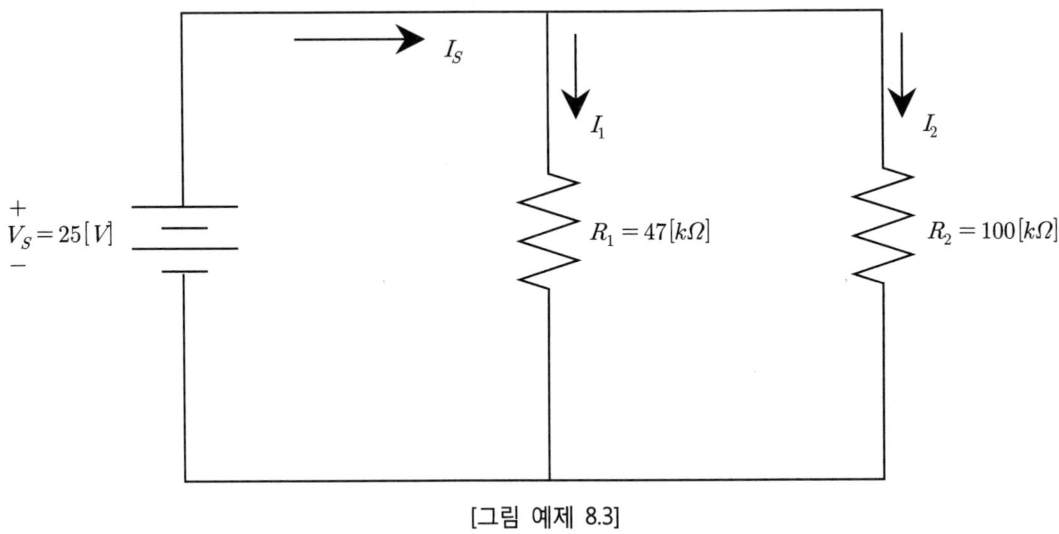

[그림 예제 8.3]

풀이

합성저항 R_T는

$$R_T = R_1//R_2 = \frac{R_1 R_2}{R_1 + R_2} = \frac{47[k\Omega] \times 100[k\Omega]}{47[k\Omega] + 100[k\Omega]} = 32[k\Omega]$$

유입전류 I_S는

$$I_S = \frac{V_S}{R_T} = \frac{25[V]}{32[k\Omega]} = 0.78[mA]$$

지로전류 I_1과 I_2는 전류분배법칙에 의해

$$I_1 = (\frac{R_2}{R_1 + R_2})I_S = (\frac{100[k\Omega]}{47[k\Omega] + 100[k\Omega]}) \times 0.78[mA] = 0.53[mA]$$

$$I_2 = (\frac{R_1}{R_1 + R_2})I_S = (\frac{47[k\Omega]}{47[k\Omega] + 100[k\Omega]}) \times 0.78[mA] = 0.25[mA]$$

【예제 8.4】

다음 병렬회로에 흐르는 전류 I_2, I_3, I_6을 키르히호프의 전류법칙을 이용하여 구하시오.

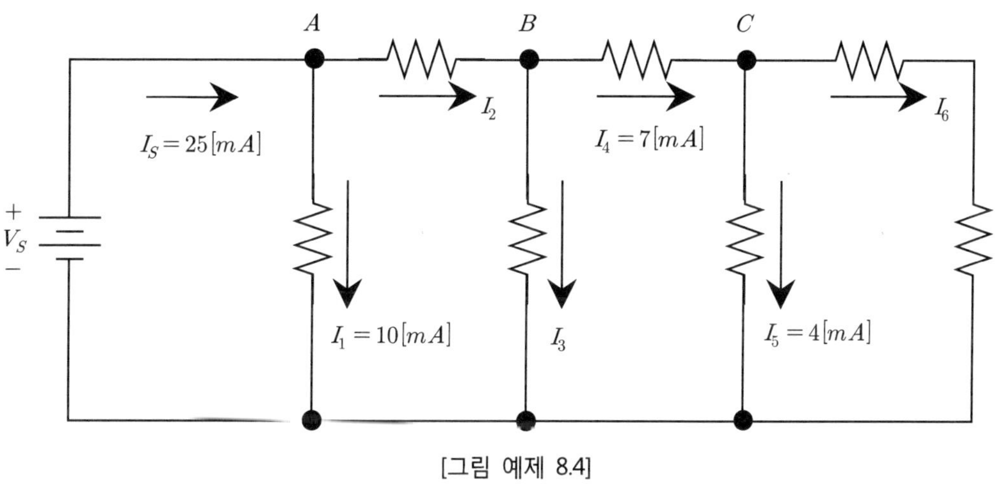

[그림 예제 8.4]

풀이

절점 A, B, C에 키르히호프의 전류법칙을 적용하여 전류 I_2, I_3, I_6을 결정할 수 있다.

절점 A: $I_S = I_1 + I_2$ 로부터 $I_2 = I_S - I_1 = 25[mA] - 10[mA] = 15[mA]$

절점 B: $I_2 = I_3 + I_4$ 로부터 $I_3 = I_2 - I_4 = 15[mA] - 7[mA] = 8[mA]$

절점 C: $I_4 = I_5 + I_6$ 로부터 $I_6 = I_4 - I_5 = 7[mA] - 4[mA] = 3[mA]$

Ⅲ. 실험기기 및 부품

실험기기	직류전원공급기, 멀티미터, 브레드보드, 리드선
부품	2.2[kΩ], 3.3[kΩ], 4.7[kΩ], 5.6[kΩ], 6.8[kΩ], 10[kΩ] 각 2개씩

Ⅳ. 실험방법

1. 병렬회로의 특성

1) [그림 8.5]의 병렬회로를 구성하시오.

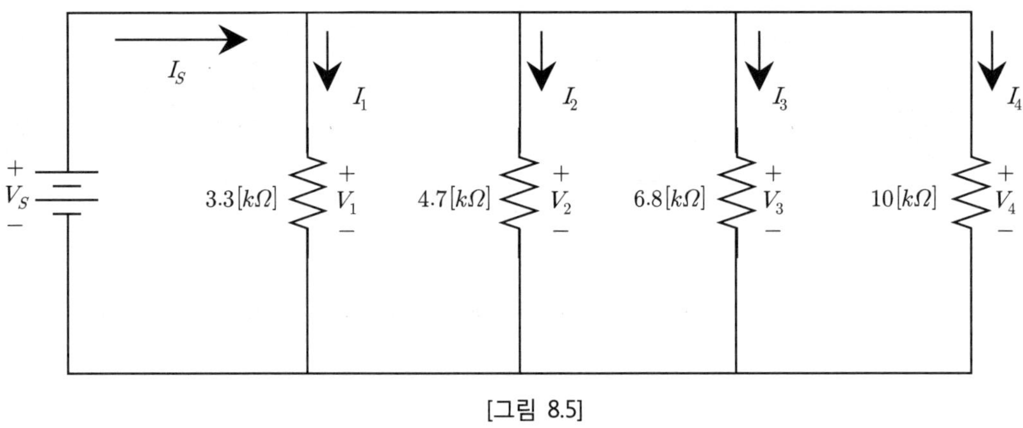

[그림 8.5]

2) 합성저항 R_T의 측정값과 이론값을 구하고 [표 8.1]에 기록하시오(합성저항은 전원을 개방하고 측정).

[표 8.1]

합성저항	측정값	이론값
R_T		

3) 전압원 V_S에 12[V]를 인가할 때, 각 저항 양단의 전압을 측정하고 V_S와 $V_S = V_1 = V_2 = V_3 = V_4$ 관계식이 성립하는지 확인하시오.

[표 8.2]

전압	측정값
V_1	
V_2	
V_3	
V_4	
V_S	$12\,V$

4) [그림 8.5]에 흐르는 모든 전류를 측정하고 이론값과 비교하시오.

[표 8.3]

전류	측정값	이론값 ($I_x = \frac{V_s}{R_x}$)
I_1		
I_2		
I_3		
I_4		
I_S		

2. 키르히호프의 전류법칙

1) [그림 8.6]과 같이 회로를 구성하시오.

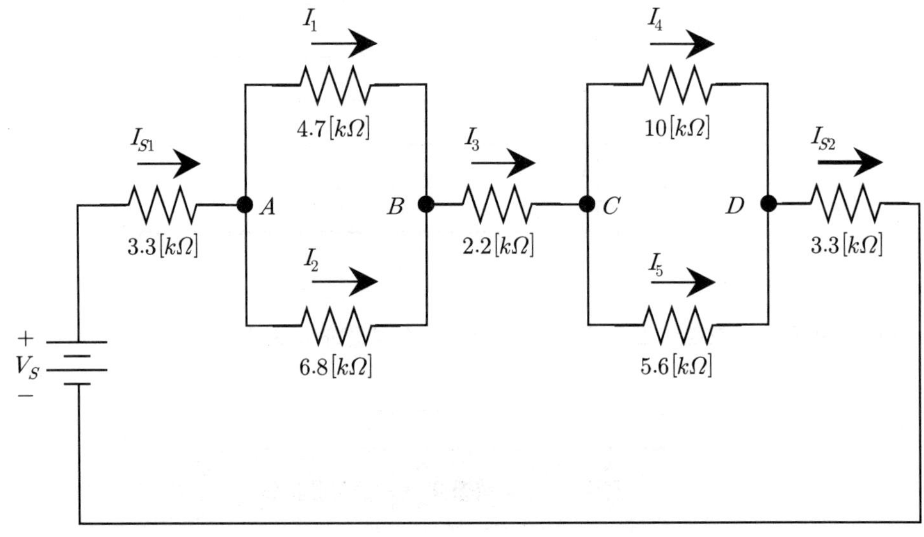

[그림 8.6]

2) [그림 8.6]의 전압원 V_S에 12[V]를 인가하고 모든 전류를 측정하여 [표 8.4]에 기록하시오.

[표 8.4]

전류	측정값
I_{S1}	
I_1	
I_2	
I_3	
I_4	
I_5	
I_6	
I_{S2}	

3) 절점 A, B, C와 D에서 다음식과 같이 키르히호프의 전류법칙이 성립하는지 확인하시오.

절점 A: $I_{S1} = I_1 + I_2$

절점 B: $I_1 + I_2 = I_3$

절점 C: $I_3 = I_4 + I_5$

절점 D: $I_4 + I_5 = I_{S2}$

3. 병렬연결과 병렬회로에 대해 간략히 기술하시오.

4. 병렬회로의 응용 예에 대해 기술하시오.

5. 키르히호프의 전류법칙에 대해 설명하시오.

실험 9 중첩의 원리

Ⅰ. 실험 목적

두 개 이상의 전원을 가진 선형회로에서 중첩의 원리를 이해하고, 중첩의 원리를 이용한 해석법을 실험을 통해 확인한다.

Ⅱ. 이 론

중첩의 원리(superposition principle)에 의하면 여러 개의 전원을 포함하는 선형회로망에서 회로 내 임의의 점에 흐르는 전류나 임의의 두 절점 사이의 전압은 각각의 독립 전원을 개별적으로 연결시켜 얻은 전류의 합 또는 전압의 합과 같다는 것이다. 이에 따라 회로를 해석할 때 한 개의 전원만 존재시키고 다른 전원은 제거(전압원은 내부저항이 0[Ω]이므로 단락회로(short circuit)로 처리하고, 전류원은 내부저항이 ∞[Ω]이므로 개방회로(open circuit)로 처리)한다.

[그림 9.1]과 같이 한 회로에 두개 이상의 전원이 존재할 때 중첩의 원리를 적용하여 전류 I의 크기를 결정할 수 있다.

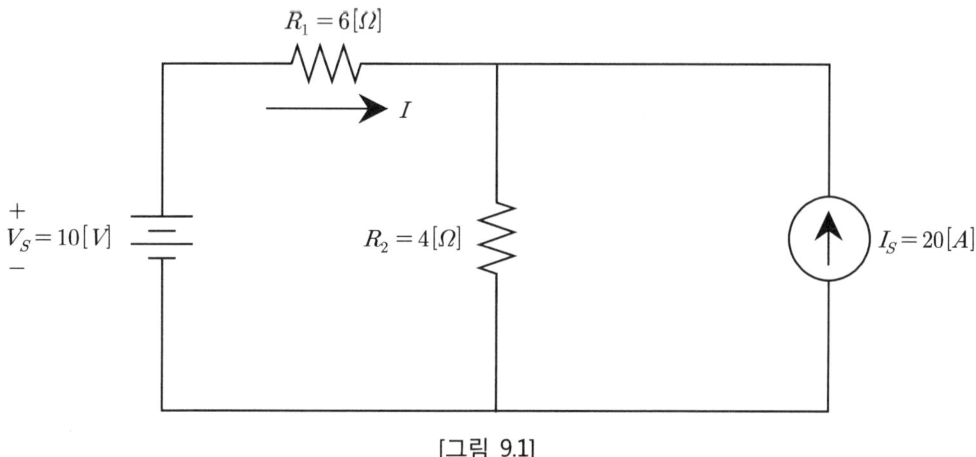

[그림 9.1]

즉, 전류 I는 전류원 I_S를 개방시킨 [그림 9.2] (a)에 흐르는 전류 I'와 전압원 V_S를 단락시킨 (b)에 흐르는 전류 I''의 합과 같다.

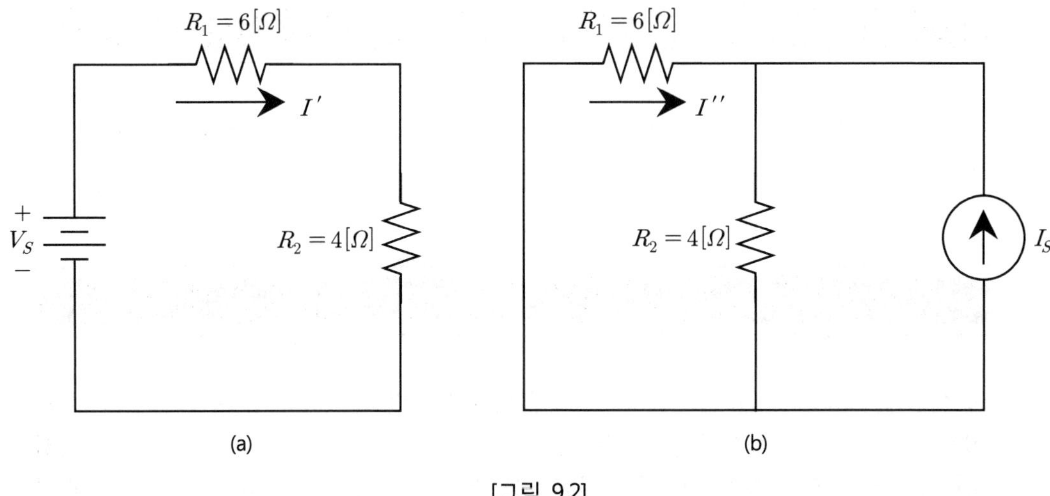

[그림 9.2]

따라서 전류 I'는 [그림 9.2] (a)에서

$$I' = \frac{V_s}{R_1 + R_2} = \frac{10[V]}{6[\Omega]+4[\Omega]} = 1[A] \tag{9.1}$$

이고, 전류 I''는 [그림 9.2] (b)에서

$$I'' = -\left(\frac{R_2}{R_1 + R_2}\right)I_s = -\left(\frac{4[\Omega]}{6[\Omega]+4[\Omega]}\right)\times 20[A] = -8[A] \tag{9.2}$$

이므로 중첩의 원리에 의해 전류 I는

$$I = I' + I'' = 1[A] + (-8[A]) = -7[A] \tag{9.3}$$

가 된다. 전류 I가 (-)값을 가지므로 실제 전류는 처음 설정된 방향의 반대이다.

또 다른 예를 이용하여 중첩의 원리를 이해한다.

[그림 9.3] (a)는 2개의 전압원과 3개의 저항으로 구성된 선형회로이다.

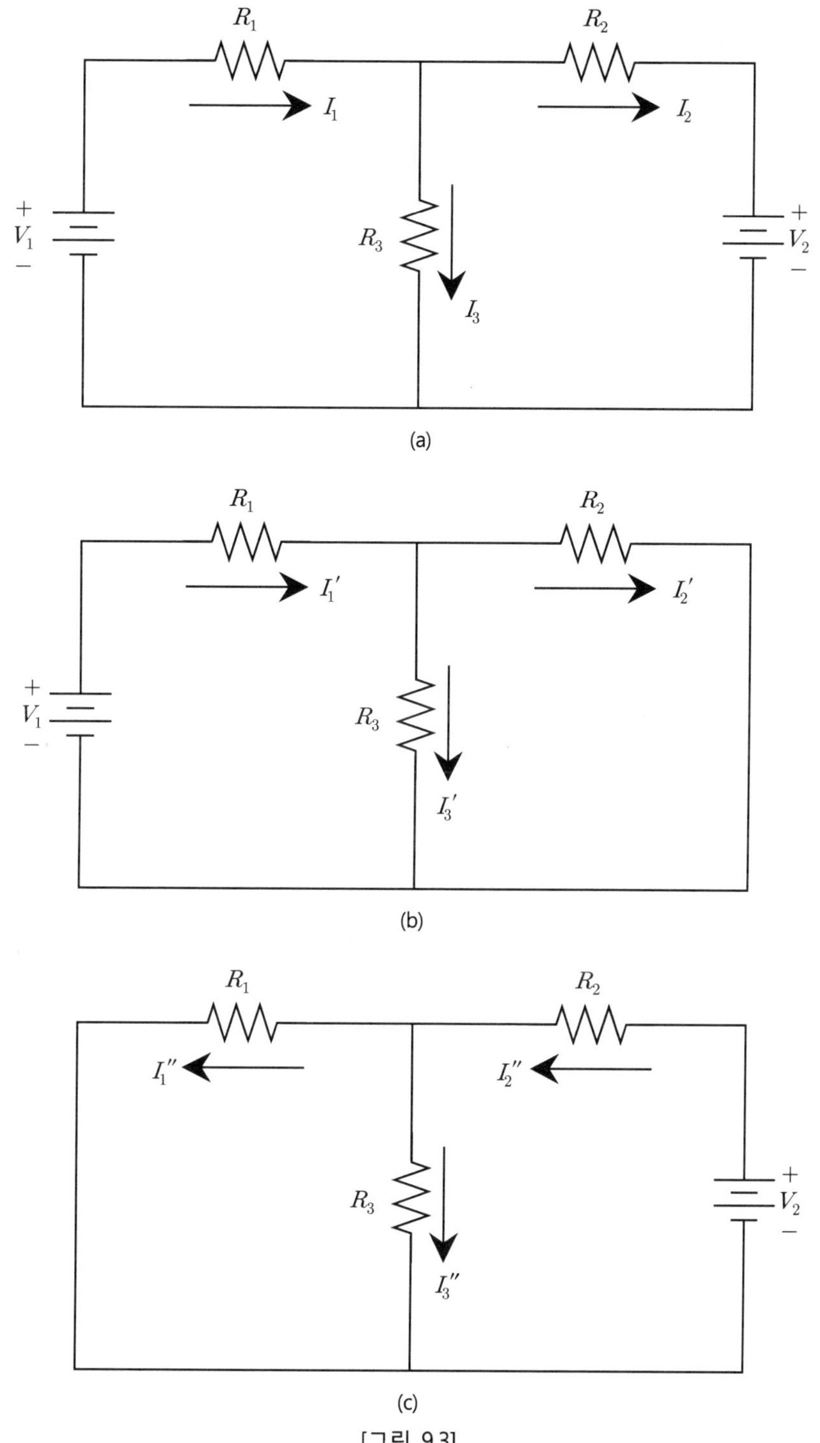

[그림 9.3]

저항 R_3에 흐르는 전류 I_3를 중첩의 원리를 이용하여 구한다. 우선 전압 V_1만 적용한 [그림 9.3] (b)에서 R_3에 흐르는 전류 I_3'는 합성저항 R_T가

$$R_T = R_1 + \frac{R_2 R_3}{R_2 + R_3} \qquad (9.4)$$

이고, 저항 R_1에 흐르는 전류 I_1'가

$$I_1' = \frac{V_1}{R_T} = \frac{V_1}{R_1 + \dfrac{R_2 R_3}{R_2 + R_3}} \qquad (9.5)$$

이다.

따라서, 저항 R_3에 흐르는 전류 I_3'는 전류분배의 법칙을 적용하여 다음과 같이 구할 수 있다.

$$I_3' = \left(\frac{R_2}{R_2 + R_3}\right) I_1' = \left(\frac{R_2}{R_2 + R_3}\right)\left(\frac{V_1}{R_1 + \dfrac{R_2 R_3}{R_2 + R_3}}\right) \qquad (9.6)$$

$$= \frac{R_2 V_1}{R_1 R_2 + R_2 R_3 + R_3 R_1}[A]$$

[그림 9.3] (c)와 같이 전압 V_2만 적용할 때 저항 R_3에 흐르는 전류 I_3''는 동일한 방법으로 구하면 다음과 같다.

$$I_3'' = \frac{R_1 V_2}{R_1 R_2 + R_2 R_3 + R_3 R_1}[A] \qquad (9.7)$$

결국 [그림 9.3] (a)에서와 같이 전압 V_1과 V_2 모두 적용한 경우 저항 R_3에 흐르는 전류 I_3는 식 (9.6)과 식 (9.7)의 합이 된다.

$$I_3 = I_3' + I_3'' = \frac{R_2 V_1 + R_1 V_2}{R_1 R_2 + R_2 R_3 + R_3 R_1}[A] \qquad (9.8)$$

【예제 9.1】

다음 회로에서 저항 3[Ω]에 흐르는 전류를 중첩의 원리를 이용하여 구하시오.

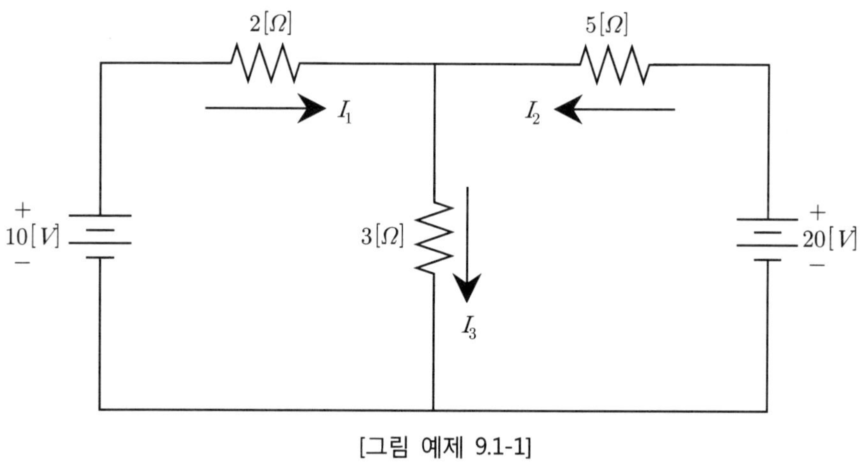

[그림 예제 9.1-1]

풀 이

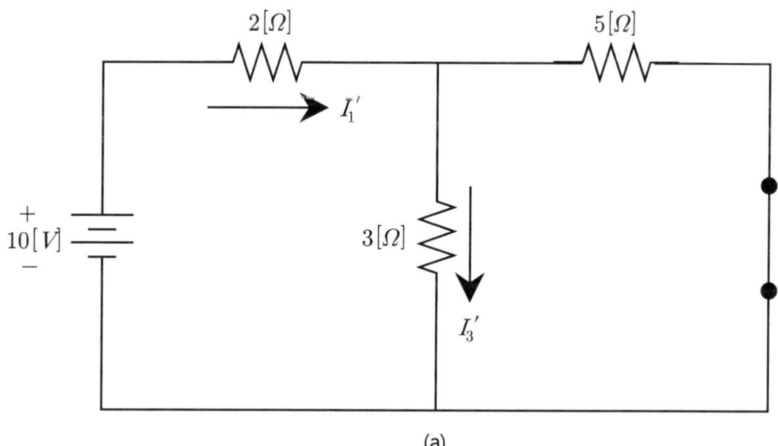

(a)

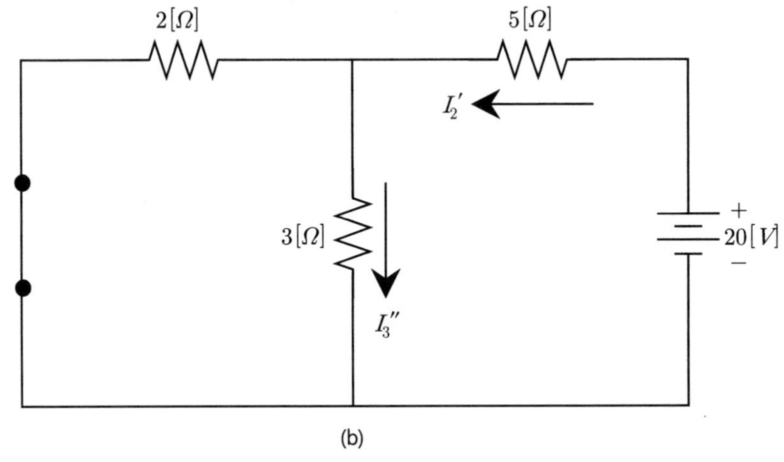

(b)

[그림 예제 9.1-2]

중첩의 원리에 의해 우선 좌측 전압원 10[V]만 고려한다. 즉, 우측 전압원인 20[V]를 단락시킨 등가회로 [그림 예제 9.1-1] (a)로부터 합성저항 R_{T1}은 다음과 같다.

$$R_{T1} = 2[\Omega] + 3[\Omega]//5[\Omega] = 2[\Omega] + \frac{3[\Omega] \times 5[\Omega]}{3[\Omega] + 5[\Omega]} = 3.88[\Omega]$$

따라서 I_1'는

$$I_1{}' = \frac{10[V]}{R_{T1}} = \frac{10[V]}{3.88[\Omega]} = 2.58[A]$$

이다.

I_3'는 전류분배법칙에 의해서

$$I_3{}' = \frac{5[\Omega]}{3[\Omega] + 5[\Omega]} \times 2.58[A] = 1.61[A]$$

다시 [그림 예제 9.1-1] (b)와 같이 우측 전압원 20[V]만 고려한다.
즉, 좌측 전압원 10[V]를 단락시킨 등가회로로부터

$$R_{T2} = 2[\Omega]//3[\Omega] + 5[\Omega] = \frac{2[\Omega] \times 3[\Omega]}{2[\Omega] + 3[\Omega]} + 5[\Omega] = 6.2[\Omega]$$

따라서 I_2'는

$$I_2' = \frac{20[V]}{R_{T2}} = \frac{20[V]}{6.2[\Omega]} = 3.23[A]$$

이다.

I_3"는 전류분배법칙에 의해서

$$I_3'' = \frac{2[\Omega]}{2[\Omega]+3[\Omega]} \times 3.23[A] = 1.29[A]$$

따라서 I_3는 두 전류의 방향과 동일하므로

$$I_3 = I_3' + I_3'' = 1.61[A] + 1.29[A] = 2.9[A]$$

이다.

【예제 9.2】

다음 회로의 저항 100[kΩ]에 흐르는 전류 I를 중첩의 원리에 의해 구하시오.

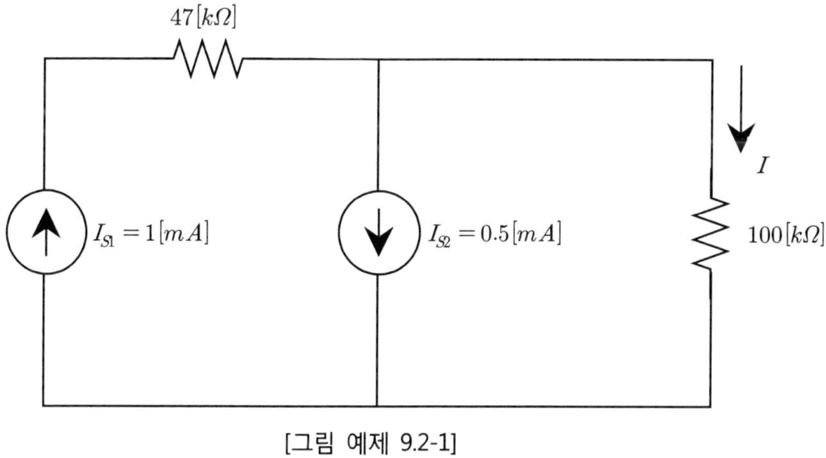

[그림 예제 9.2-1]

풀이

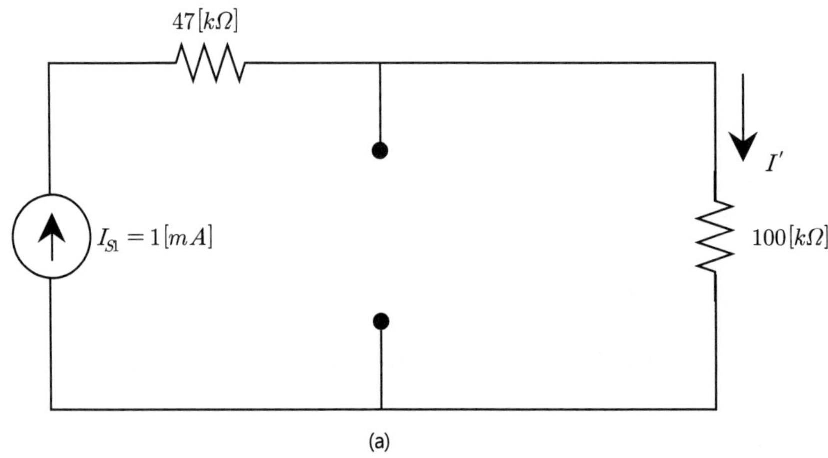

(a)

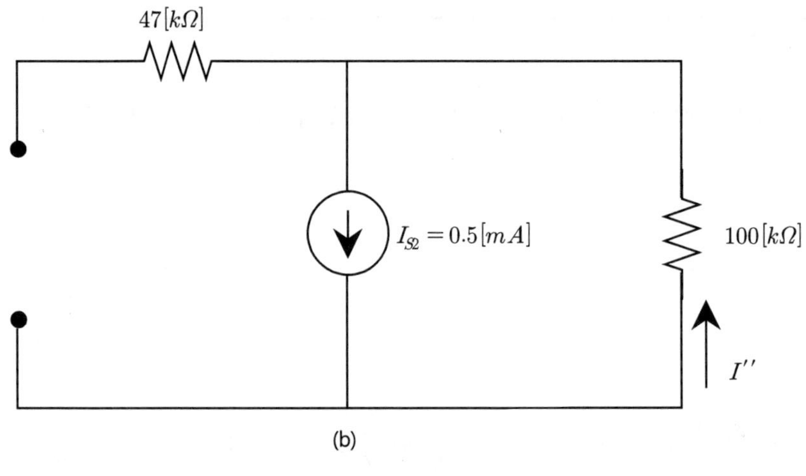

(b)

[그림 예제 9.2-2]

[그림 예제 9.2-2] (a)와 같이 중앙의 전류원인 I_{S2}=0.5[mA]를 개방한 다음 100[kΩ]에 흐르는 전류 I'를 구한다. 이때 I_{S2}=0.5[mA]가 개방되어 모든 전류 I_{S1}=1[mA]가 100[kΩ]에 시계방향으로 흐르므로

$$I' = 1[mA]$$

이다.

좌측의 전류원인 I_{S1}=1[mA]를 [그림 예제 9.2-2] (b)와 같이 개방한 다음 100[kΩ]에 흐르는 전류 I"를 구한다. 이때 I_{S1}=1[mA]가 개방되어 모든 전류 I_{S2}=0.5[mA]가 100[kΩ]에 반시계 방향으로 흐르므로

$$I'' = -0.5[mA]$$

가 된다. 따라서 100[kΩ]에 흐르는 전류 I는

$$I = I' + I'' = 1[mA] - 0.5[mA] = 0.5[mA]$$

가 된다.

Ⅲ. 실험기기 및 부품

실험기기	직류전원공급기, 멀티미터, 리드선
부품	4.7[kΩ], 6.8[kΩ], 10[kΩ] 각 1개씩

Ⅳ. 실험방법

1. [그림 9.4]의 회로를 구성하시오.

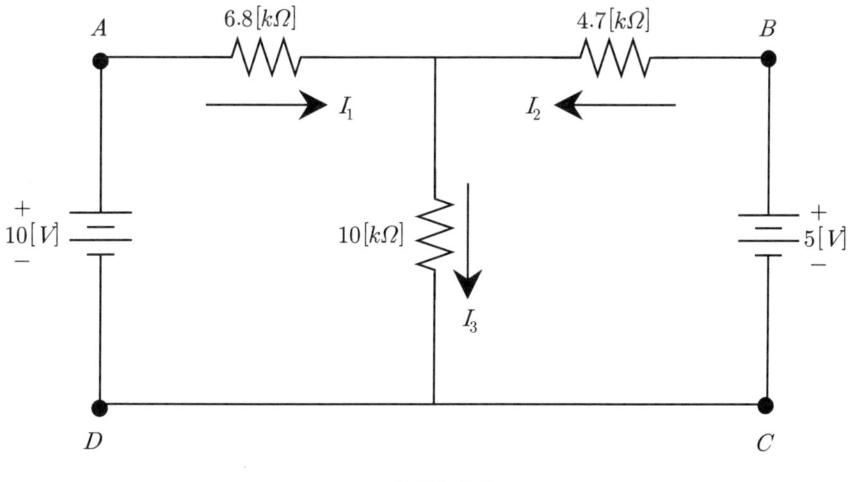

[그림 9.4]

2. [그림 9.4]의 회로에서 전압원 5[V]를 제거하고 [그림 9.5]와 같이 절점 B-C를 점퍼선으로 연결한 후, 전류계를 이용하여 전류 I_1', I_2', I_3'를 각각 측정하고 이론값과 비교하시오([표 9.5]).

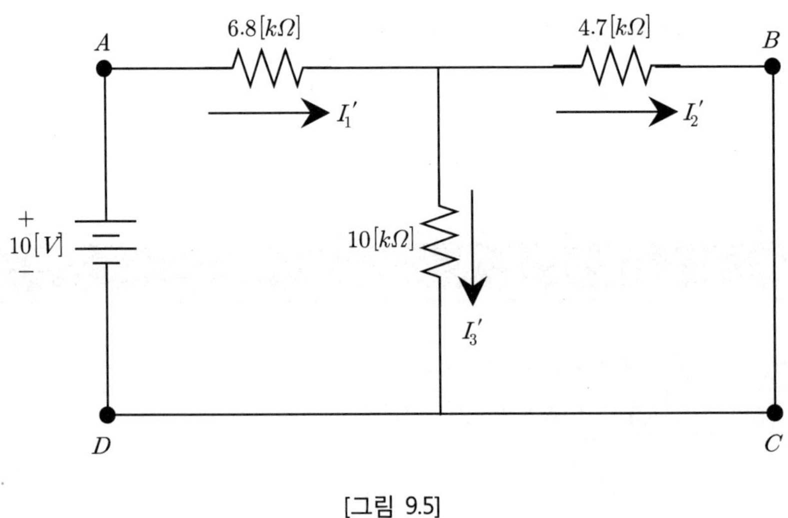

[그림 9.5]

[표 9.5]

전류	측정값	이론값
I_1'		
I_2'		
I_3'		

3. [그림 9.4]의 회로에서 [그림 9.6]과 같이 전압원 10[V]를 제거하고 절점 A-D를 점퍼선으로 연결한 후, 전류계를 이용하여 전류 I_1'', I_2'', I_3''를 각각 측정하고 이론값과 비교하시오([표 9.6]).

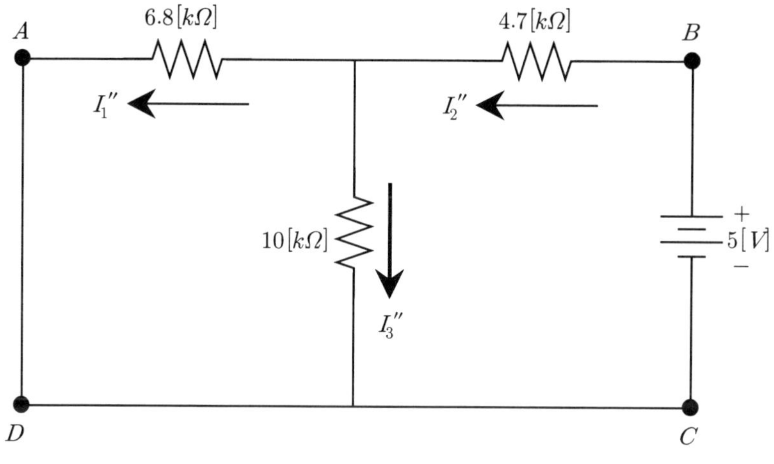

[그림 9.6]

[표 9.6]

전류	측정값	이론값
I_1''		
I_2''		
I_3''		

4. [그림 9.4]의 각 저항에 흐르는 전류를 전류계로 측정하고 실험 2)와 실험 3)으로부터 얻은 결과에 중첩의 원리를 적용한 전류값과 비교하시오([표 9.7]).

[표 9.7]

전류	측정값	이론값 $(I = I' + I'')$
I_1		
I_2		
I_3		

5. 중첩의 원리에 대해 간략히 기술하시오.

6. 중첩의 원리를 적용시킬 때 전압원은 단락시키고 전류원은 개방시키는 이유를 설명하시오.

실험 10 테브난의 정리

Ⅰ. 실험 목적

여러 개의 소자가 복합된 선형저항성 회로망에서 단일 전압원과 저항으로 간단히 변환 해석하는 테브난의 정리를 이해하고 이를 응용할 수 있는 능력을 익힌다.

Ⅱ. 이 론

테브난의 정리(Thevenin's Theorem)는 프랑스 공학자인 M. L. Thevenin(1857~1926)의 이름에서 유래된 것으로 [그림 10.1] (a)와 같은 일반적인 선형저항성 회로망을 [그림 10.1] (b)에 나타난 것과 같이 1개의 전압 V_{TH}와 1개의 저항 R_{TH}가 직렬 연결된 회로로 등가화 시킬 수 있다. 이를 이용하면 선형저항성 회로망의 전체 내부에 존재하는 전압과 전류의 상태를 알지 못해도 회로 임의의 지로에 흐르는 전류나 전압을 비교적 용이하게 결정할 수 있다.

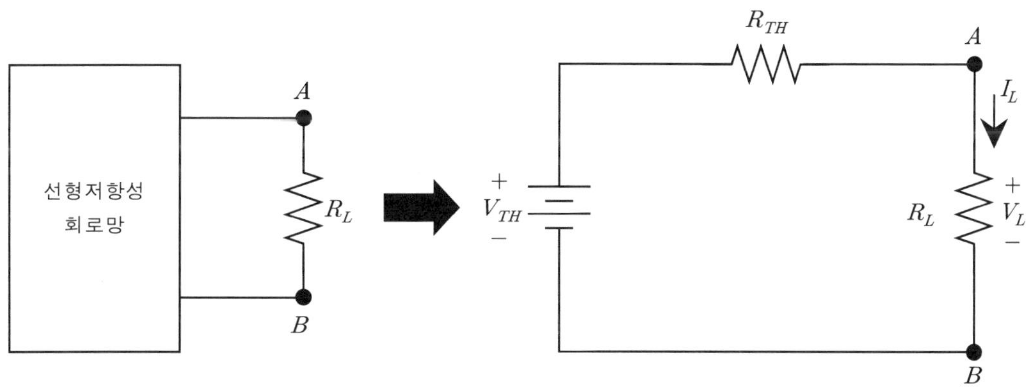

(a) 선형저항성 회로망　　　(b) 테브난 등가회로

[그림 10.1] 테브난의 정리(등가회로)

여기서, 전압 V_{TH}는 회로망의 부하저항 R_L을 제거하고 두 단자(절점) A-B를 개방

(open)하였을 때 측정한 전압값이며, 저항 R_{TH}는 회로망 내 모든 전원을 0으로 하고(전압원은 단락(short), 전류원은 개방(open) 시킴) 양단 A-B에서 회로망 쪽으로 본 등가저항과 같다.

다음 설명을 통하여 테브난의 정리에 대한 이해를 확실히 한다. [그림 10.2] (a)와 같은 회로의 부하저항 R_L에 흐르는 전류 I_L을 구하려면, 우선 [그림 10.2] (b)에서와 같이 부하저항 R_L을 제거하고 두 단자 A-B 사이의 등가전압 V_{TH}를 구한다.

$$V_{TH} = \left(\frac{R_2}{R_1 + R_2}\right) V_S \tag{10.1}$$

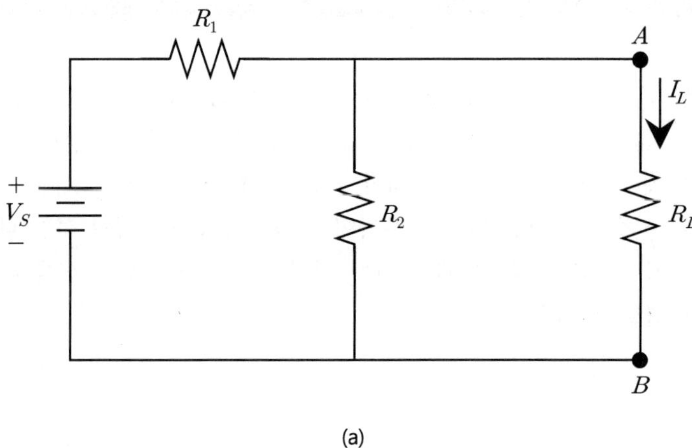

(a)

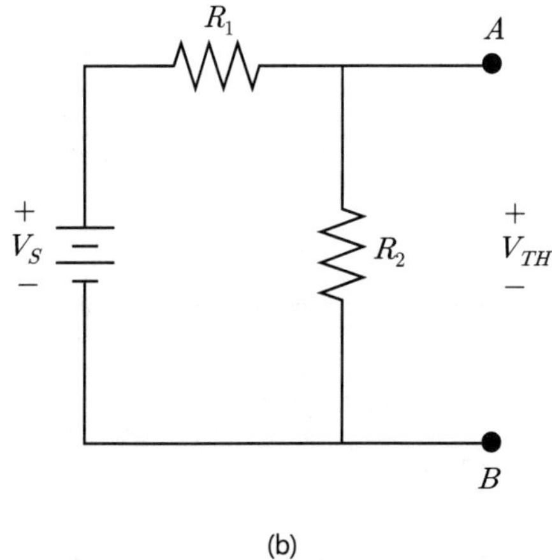

(b)

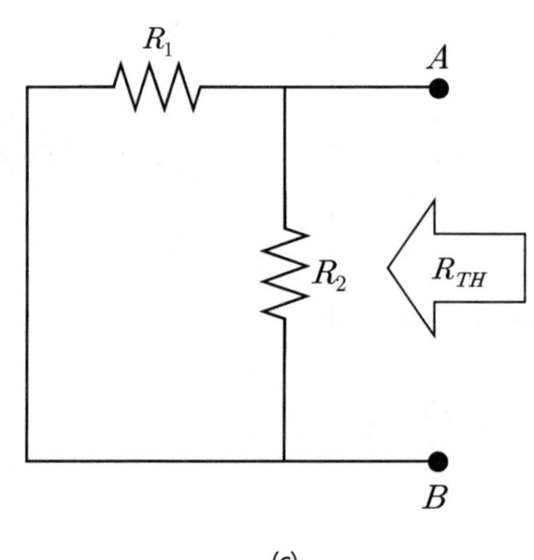

(c)

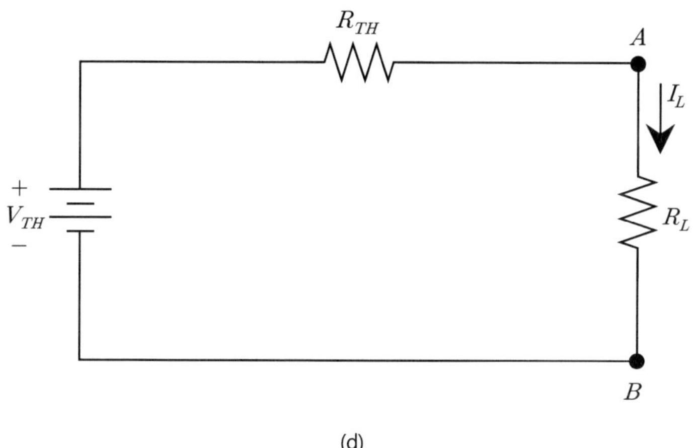

(d)

[그림 10.2] 테브난의 정리를 이용한 해석법

또한, 두 단자 A-B 사이의 등가저항 R_{TH}는 [그림 10.2] (c)와 같이 전압원 V_S를 단락시키고 모든 저항의 합성저항값을 구하면 된다.

$$R_{TH} = \frac{R_1 R_2}{R_1 + R_2} \tag{10.2}$$

[그림 10.2] (b), (c)로부터 얻은 V_{TH}와 R_{TH}를 [그림 10.2] (d)와 같은 등가회로로 구성하고 두 단자 A-B 사이에 부하저항 R_L을 다시 연결한 후 전류 I_L을 구하면 다음 식과 같다.

$$I_L = \frac{V_{TH}}{R_{TH} + R_L} \tag{10.3}$$

다음 회로에서 부하저항 R_L에 흐르는 전류 I_L과 V_L을 테브난의 정리를 이용해서 구하시오.

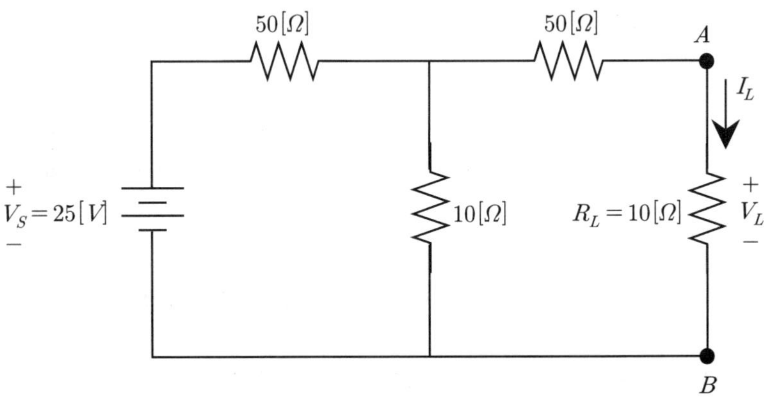

[그림 예제 10.1-1]

풀 이

[그림 예제 10.1-2] (a)와 같이 부하저항 R_L을 제거하고 절점 A와 B 사이에 걸리는 전압인 테브난 등가전압 V_{TH}를 계산하면 다음과 같다.

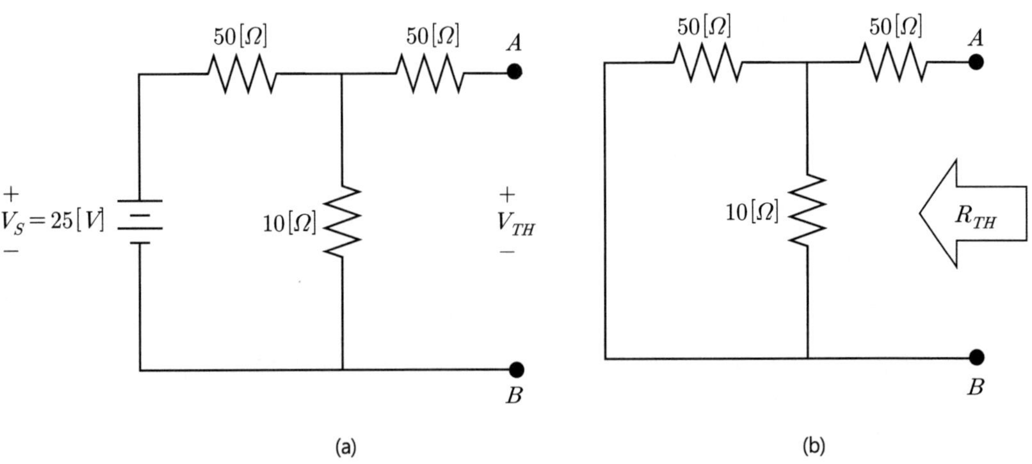

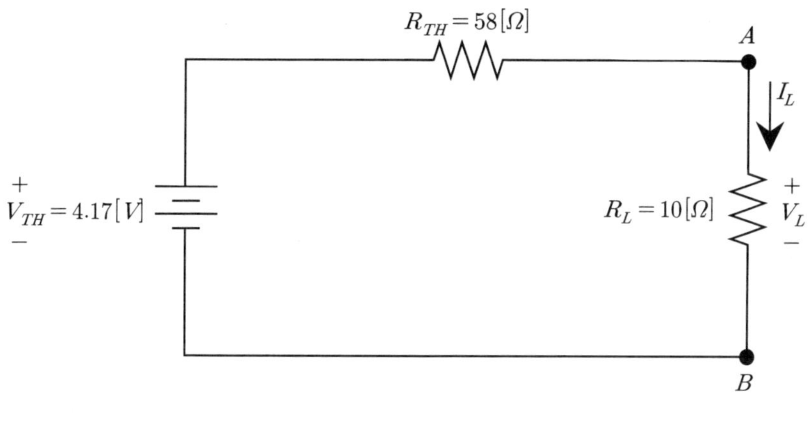

(c)

[그림 예제 10.1-2]

$$V_{TH} = (\frac{10[\Omega]}{50[\Omega]+10[\Omega]}) \times 25[V] = 4.17[V]$$

또한, [그림 예제 10.1-2] (b)와 같이 전압원을 단락시키고 절점 A와 B에서 바라본 합성저항 R_{TH}를 구하면 다음과 같다.

$$R_{TH} = 50[\Omega]//10[\Omega] + 50[\Omega] \fallingdotseq 8[\Omega] + 50[\Omega] = 58[\Omega]$$

테브난 등가전압 V_{TH}와 합성저항 R_{TH}를 직렬로 연결한 후 [그림 예제 10.1-2] (c)와 같이 부하저항 R_L을 절점 A와 B에 다시 연결한 후 전류 I_L과 V_L을 구하면 다음과 같다.

$$I_L = \frac{V_{TH}}{R_{TH}+R_L} = \frac{4.17[V]}{58[\Omega]+10[\Omega]} = 0.06[A]$$

$$V_L = R_L I_L = 10[\Omega] \times 0.06[A] = 0.6[V]$$

【예제 10.2】

다음 회로에서 부하저항 R_L에 흐르는 전류 I_L을 테브난의 정리를 이용해서 구하시오.

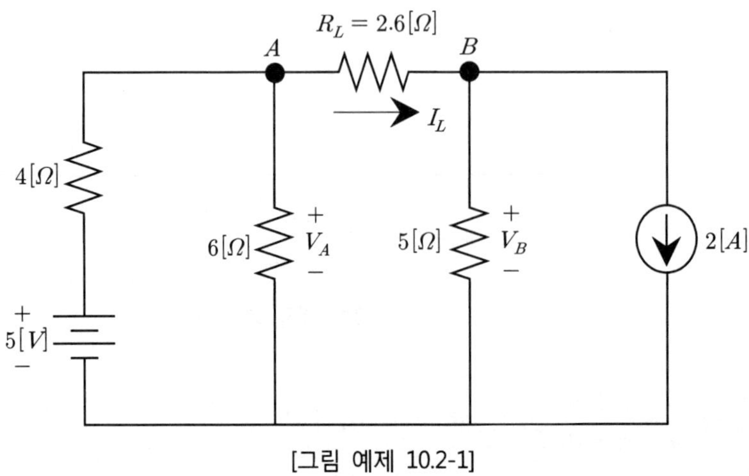

[그림 예제 10.2-1]

풀 이

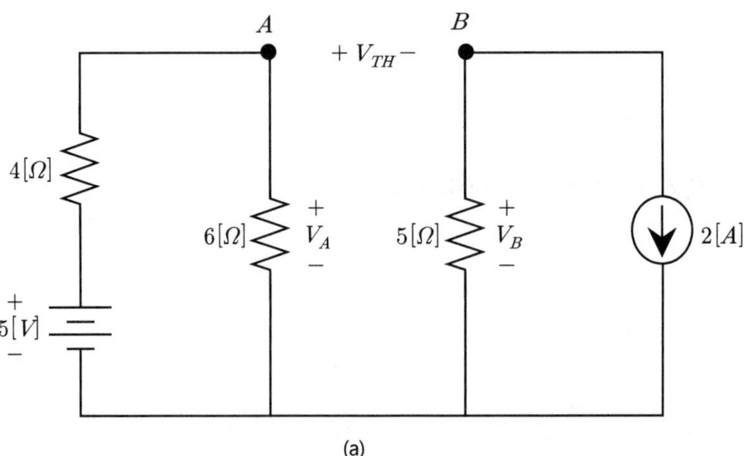

(a)

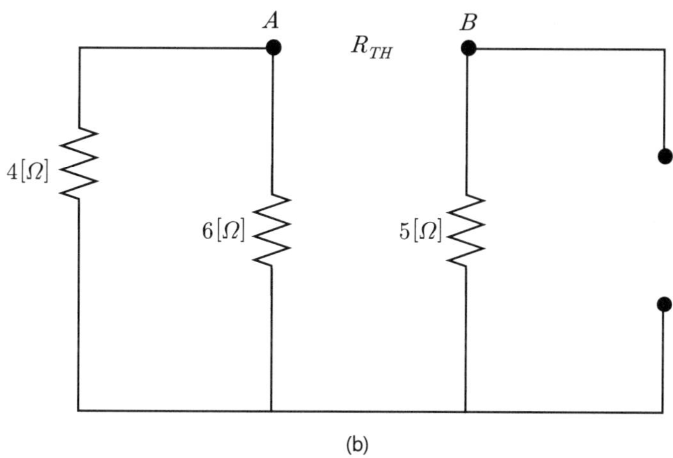

(b)

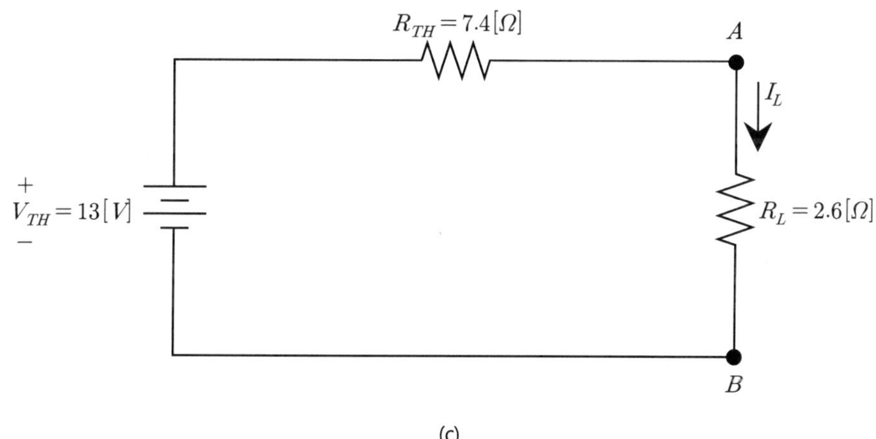

(c)

[그림 예제 10.2-2]

[그림 예제 10.2-1]에서 두 단자 A-B 사이의 부하저항 R_L을 제거하면 [그림 예제 10.2-2] (a)와 같이 그 사이 전압차 V_{AB}가 테브난 등가전압 V_{TH}이다.

따라서

$$V_{TH} = V_{AB} = V_A - V_B$$

가 되고 V_A, V_B, V_{TH}는 각각

$$V_A = (\frac{6[\Omega]}{4[\Omega]+6[\Omega]}) \times 5[V] = 3[V]$$

$$V_B = 5[\Omega] \times (-2[A]) = -10[V]$$

$$V_{TH} = V_A - V_B = 3[V] - (-10[V]) = 13[V]$$

이다.

또한 테브난 등가저항 R_{TH}는 [그림 예제 10.2-2] (b)로부터

$$R_{TH} = 4[\Omega]//6[\Omega] + 5[\Omega] = 7.4[\Omega]$$

테브난 등가회로는 [그림 예제 10.2-2] (c)가 되어 부하저항 R_L에 흐르는 전류 I_L는

$$I_L = \frac{V_{TH}}{R_{TH} + R_L} = \frac{13[V]}{7.4[\Omega] + 2.6[\Omega]} = 1.3[A]$$

가 된다.

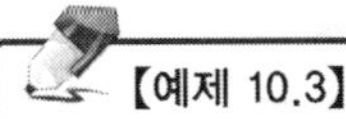

【예제 10.3】

다음 브리지회로에서 부하저항 R_L에 흐르는 전류 I_L과 V_L을 테브난의 정리를 이용하여 구하시오.

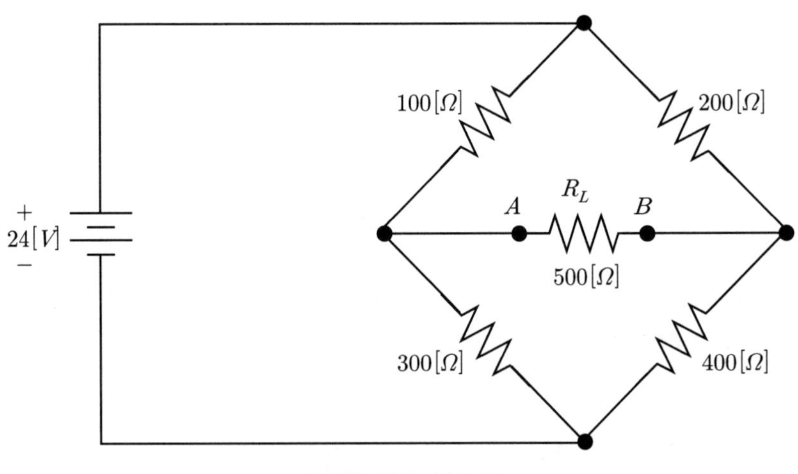

[그림 예제 10.3-1]

풀이

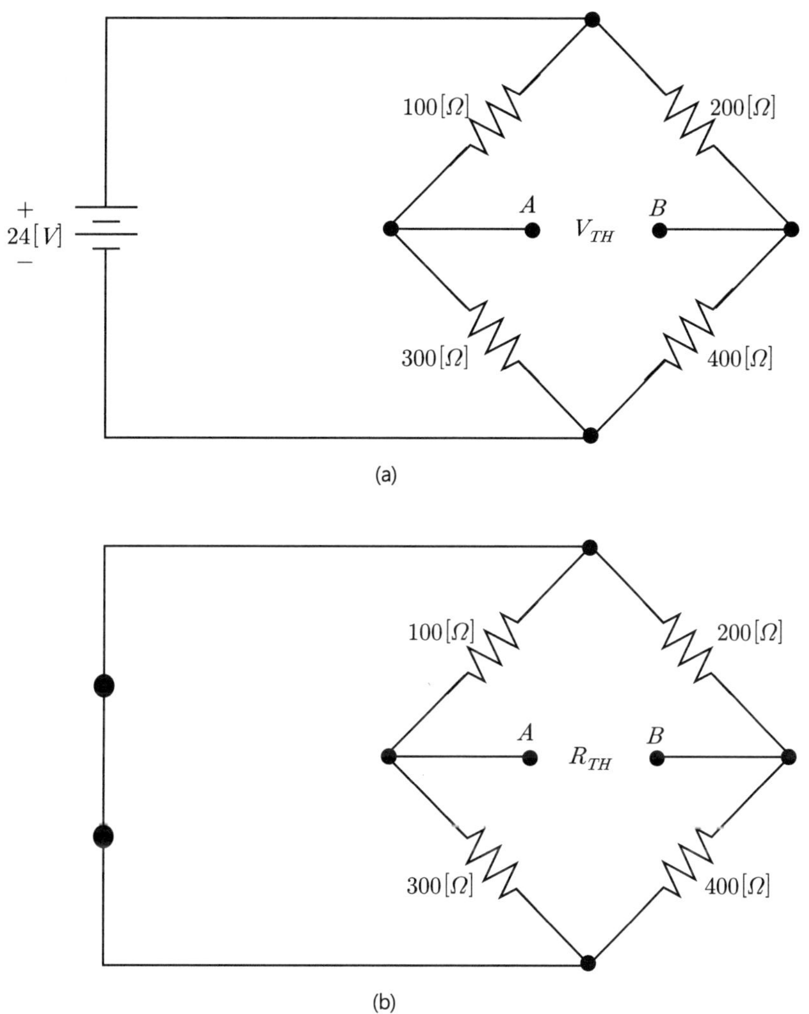

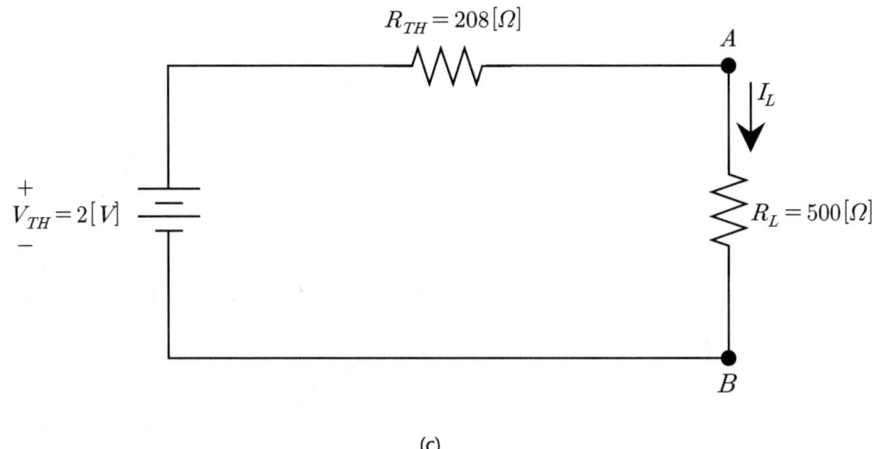

(c)

[그림 예제 10.3-2]

우선 테브난 등가전압 V_{TH}는 [그림 예제10.3-2] (a)에서와 같이 두 절점 A와 B 사이의 전압이며 테브난 등가저항 R_{TH}는 전압원을 단락시킨 [그림 예제10.3-2] (b)의 두 단자 A-B에서 바라 본 합성저항이다.

$$V_{TH}=V_A-V_B=\left(\frac{300[\Omega]}{100[\Omega]+300[\Omega]}\right)\times 24[V]-\left(\frac{400[\Omega]}{200[\Omega]+400[\Omega]}\right)\times 24[V]$$
$$=2[V]$$

$$R_{TH}=\left(\frac{100[\Omega]\times 300[\Omega]}{100[\Omega]+300[\Omega]}\right)+\left(\frac{200[\Omega]\times 400[\Omega]}{200[\Omega]+400[\Omega]}\right)=208[\Omega]$$

부하저항 R_L을 두 절점 A와 B에 연결한 테브난 등가회로 [그림 예제10.3-2] (c)로부터 전류 I_L과 V_L을 구하면

$$I_L=\frac{V_{TH}}{R_{TH}+R_L}=\frac{2[V]}{208[\Omega]+500[\Omega]}=2.8[mA]$$

$$V_L=R_LI_L=500[\Omega]\times 2.8[mA]=1.4[V]$$

가 된다.

【예제 10.4】

[그림 예제 10.4-1]과 같이 두 개의 전원을 포함한 회로에서 저항 10[Ω]에 흐르는 전류 I_L와 V_L을 구하시오.

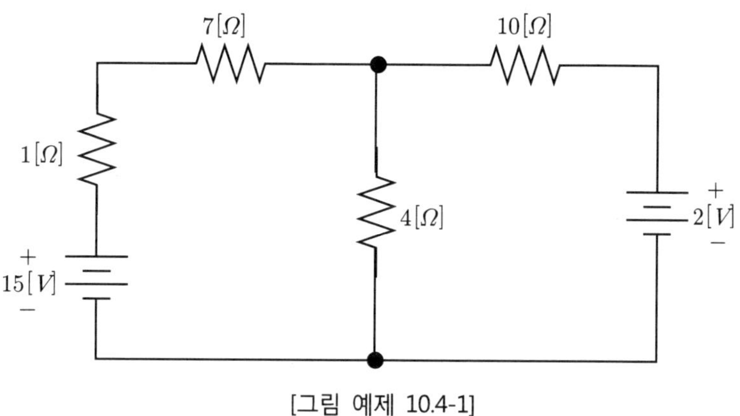

[그림 예제 10.4-1]

풀 이

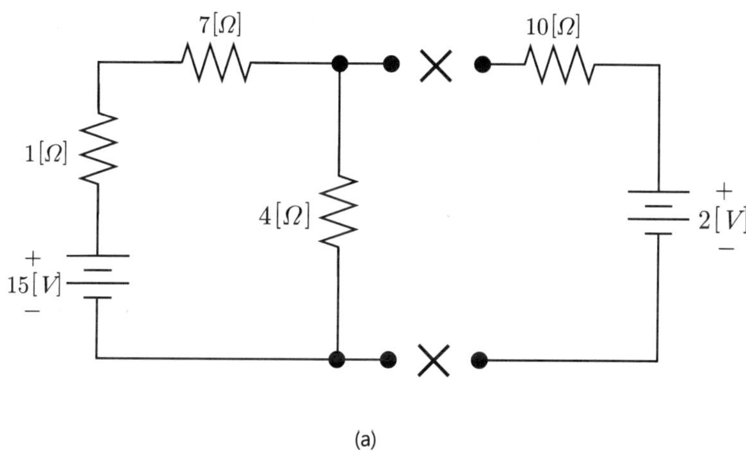

(a)

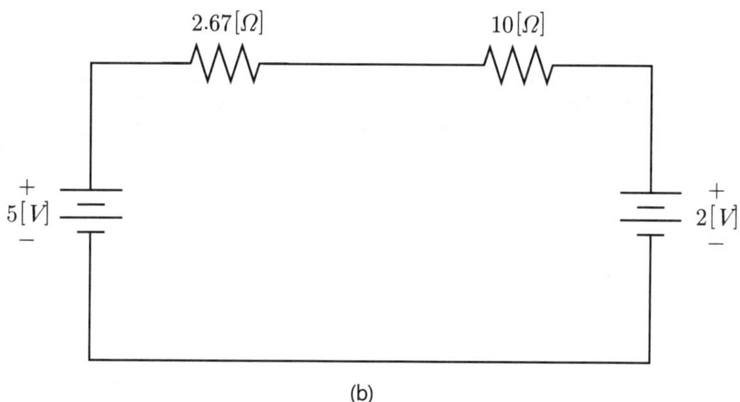

(b)

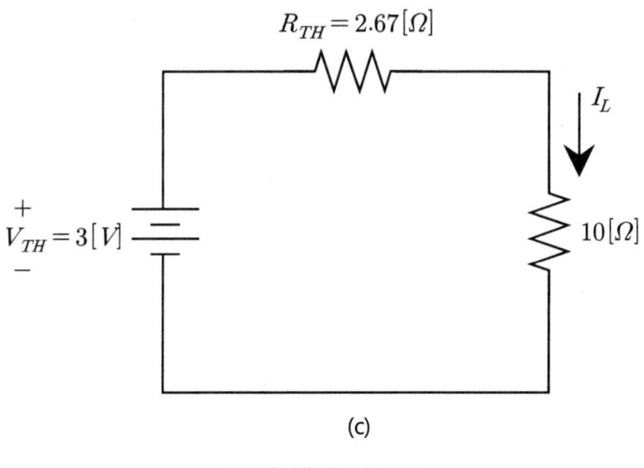

(c)

[그림 예제 10.4-2]

[그림 예제 10.4-2] (a)와 같이 분리한 후 좌측의 회로를 테브난의 정리에 의해 등가변환시키면 (b)의 좌측회로와 같다. 여기서 테브난 등가전압과 등가저항은 각각 5V와 2.67[Ω]이다.

$$\text{등가전압: } \frac{4[\Omega]}{(7[\Omega]+1[\Omega])+4[\Omega]}\times 15[V]=5[V]$$

$$\text{등가저항: } \frac{(7[\Omega]+1[\Omega])\times 4[\Omega]}{(7[\Omega]+1[\Omega]+4[\Omega])}=\frac{32[\Omega]}{12[\Omega]}\fallingdotseq 2.67[\Omega]$$

[그림 예제 10.4-2] (c)와 같이 테브난 등가회로로 구성하면 결과적으로 10[Ω]에 흐르는 전류 I_L와 V_L은 다음과 같다.

$$I_L=\frac{3[V]}{(2.67[\Omega]+10[\Omega])}=\frac{3[V]}{12.67[\Omega]}\fallingdotseq 237[mA]$$

$$V_L=R_LI_L=10[\Omega]\times 237[mA]=2.37[V]$$

Ⅲ. 실험기기 및 부품

실험기기	직류전원공급기, 멀티미터, 브레드보드, 리드선
부품	220[Ω], 330[Ω], 1[kΩ], 1.2[kΩ], 1.5[kΩ], 2.2[kΩ] 각 1개씩

Ⅳ. 실험방법

[테브난의 정리 실험 1]

1. [그림 10.3]의 회로를 구성하시오.

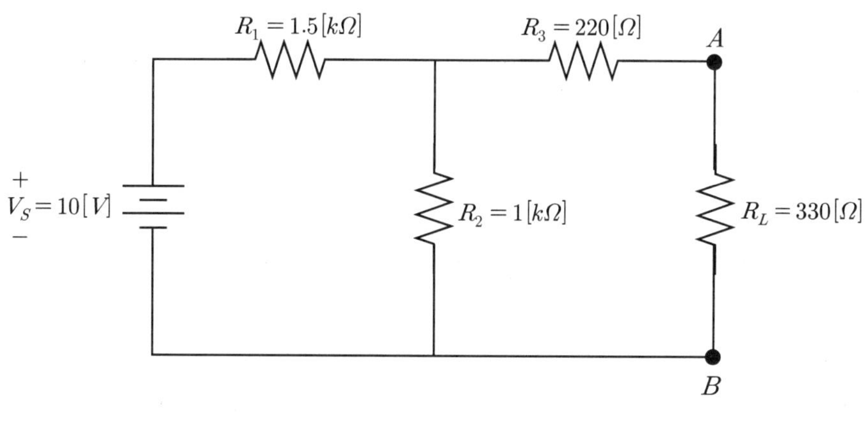

[그림 10.3]

2. [그림 10.4]와 같이 A-B 단자 사이를 개방하시오.

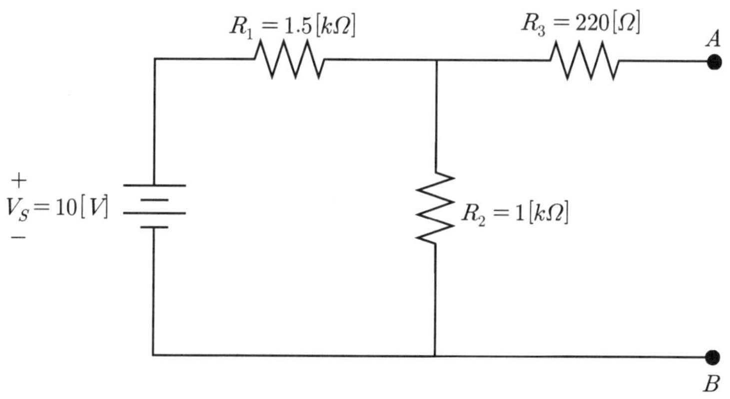

[그림 10.4]

3. 개방된 두 단자 A-B 사이의 전압 V_{AB}를 계산하고 [표 10.1]에 기록하시오.

4. 개방된 두 단자 A-B 사이의 전압을 측정하고 [표 10.1]의 V_{TH}에 기록한 다음 이론값 V_{AB}와 비교하시오.

5. [그림 10.5]의 회로에서 전압원 V_S를 단락(short) 시킨 후 두 단자 A-B에서 바라 본 합성저항값 R_{AB}를 계산하고 [표 10.1]에 기록하시오.

6. 두 단자 A-B에서 들여다 본 저항값을 측정하고 [표 10.1]의 R_{TH}에 기록한 후 이론값 R_{AB}와 비교하시오.

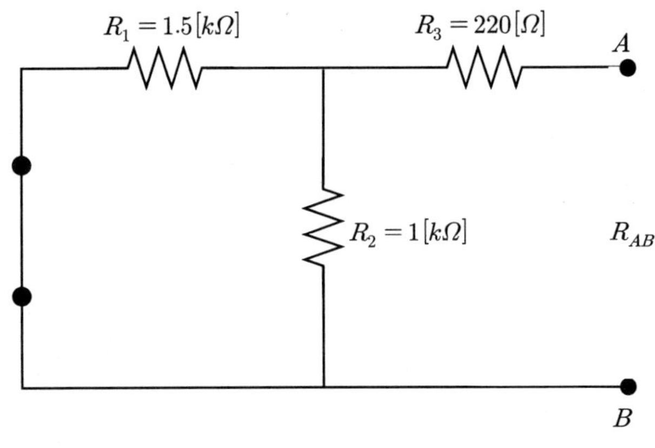

[그림 10.5]

[표 10.1]

전압	측정값	V_{TH}		
	이론값	V_{AB}		계산식:
저항	측정값	R_{TH}		
	이론값	R_{AB}		계산식:

7. [표 10.1]의 결과를 이용하여 테브난 등가회로를 [그림 10.6]과 같이 구성하시오.

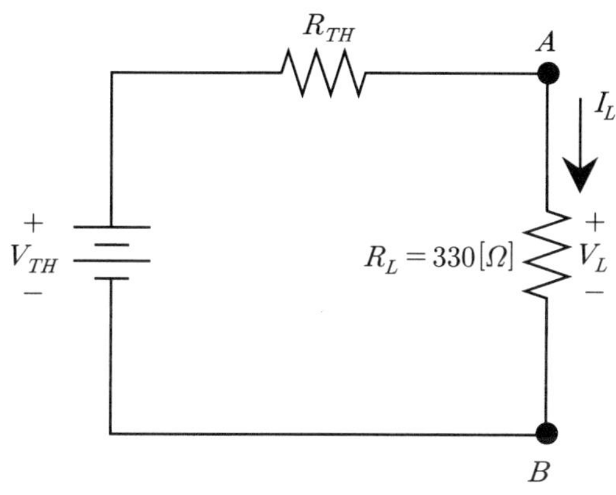

[그림 10.6]

8. 부하저항 R_L 양단의 전압 V_L과 R_L에 흐르는 전류 I_L을 측정하시오.

[표 10.2]

V_L	
I_L	

[테브난의 정리실험 2]

1. [그림 10.7]과 같은 브리지 회로를 구성하시오. 여기서 부하저항은 R_L=1[kΩ]이다.

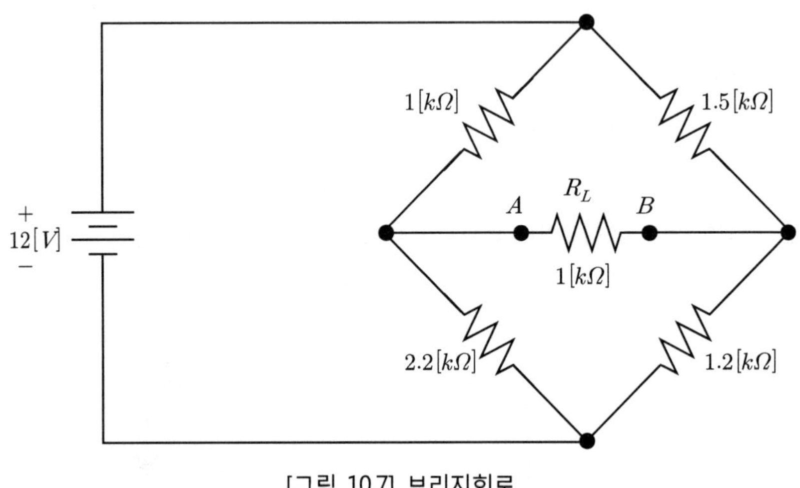

[그림 10.7] 브리지회로

2. [그림 10.8]과 같이 단자 A-B 사이를 개방시킨다.

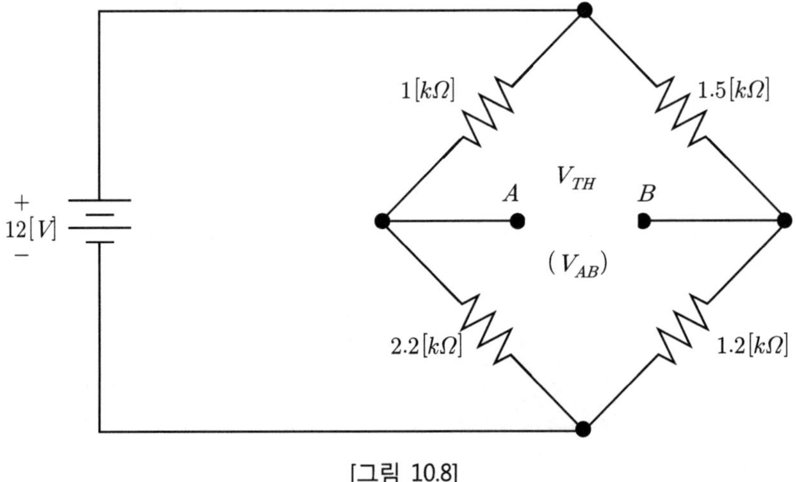

[그림 10.8]

3. 개방된 두 단자 A-B 사이의 전압 V_{AB}를 측정하고 전압 V_{TH}와 비교하시오.

[표 10.3]

전압	V_{AB} (측정값)	V_{TH} (이론값)

4. [그림 10.9]와 같이 전압원 V_S를 제거(단락)하시오.

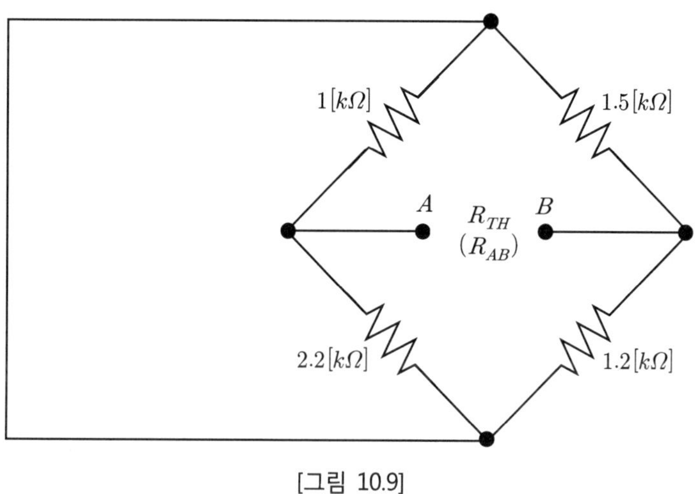

[그림 10.9]

5. 두 단자 A-B 사이의 저항값 R_{AB}를 측정하고 저항 R_{TH}와 비교하시오.

[표 10.4]

저항	R_{AB} (측정값)	R_{TH} (이론값)

6. 실험 3)과 실험 5)에서 구한 V_{TH}와 R_{TH}를 이용하여 [그림 10.10]과 같이 테브난 등가회로를 구성한다. 이때 부하저항 R_L은 1[kΩ]이다.

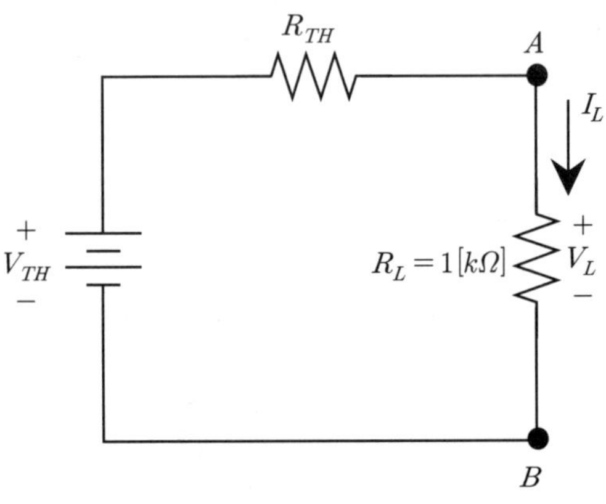

[그림 10.10]

7. 부하저항 R_L에 흐르는 전류 I_L과 양단의 전압 V_L을 각각 측정한 후 이론값과 비교하시오.

[표 10.5]

	측정값	이론값
전류(I_L)		
전압(V_L)		

실험 11

노튼의 정리

Ⅰ. 실험 목적

노튼의 정리를 이용하여 복잡한 회로를 단순한 등가회로로 변환시키는 방법에 대해 이해하고 이를 실험을 통해 증명한다.

Ⅱ. 이 론

노튼의 정리(Norton's theorem)는 복잡한 선형회로를 해석하는데 테브난의 정리와 더불어 매우 유용하게 사용되고 있다. 이 정리들은 직류회로 뿐만 아니라 교류회로에 모두 적용되는 것으로 반드시 이해하여야 한다. 단, 테브난 정리는 단일 전압원에 단일 저항이 직렬로 연결된 등가회로로 단순화 시키는 반면에([그림 10.1]), 노튼의 정리는 [그림 11.1]과 같이 단일 전류원에 단일 저항이 병렬로 연결된 등가회로로 변환시켜 해석하는 방법이다.

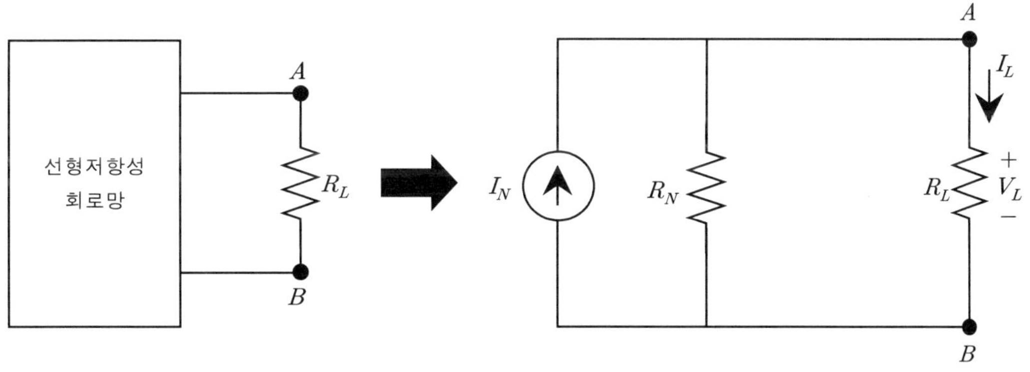

(a) 선형저항성 회로망

(b) 노튼 등가회로

[그림 11.1] 노튼의 정리(등가 회로)

여기서 노튼의 등가전류 I_N은 원 회로의 두 단자 A와 B를 단락시켰을 때 두 절점 사이에 흐르는 전류이고, 노튼의 등가저항 R_N은 원 회로내의 모든 전원을 제거(전압원은 단락, 전류원은 개방)시킨 상태에서 개방된 두 절점 A와 B에서 회로측을 바라 본 모든 저항의 합성저항값이다. 따라서, 노튼의 등가전류 I_N과 등가저항 R_N으로부터 부하저항에 흐르는 전류 I_L과 양단의 전압 V_L은 다음 식으로부터 각각 구할 수 있다.

$$I_L = (\frac{R_N}{R_N + R_L})I_N \tag{11.1}$$

$$V_L = R_L I_N \tag{11.2}$$

다음 예제를 통하여 노튼의 정리에 대한 이해를 확실히 한다.

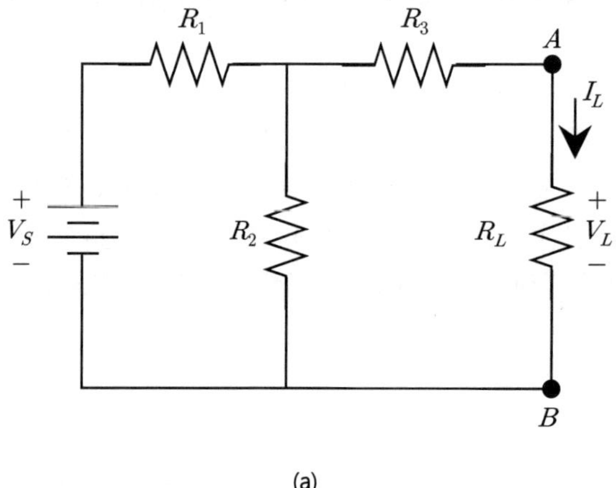

(a)

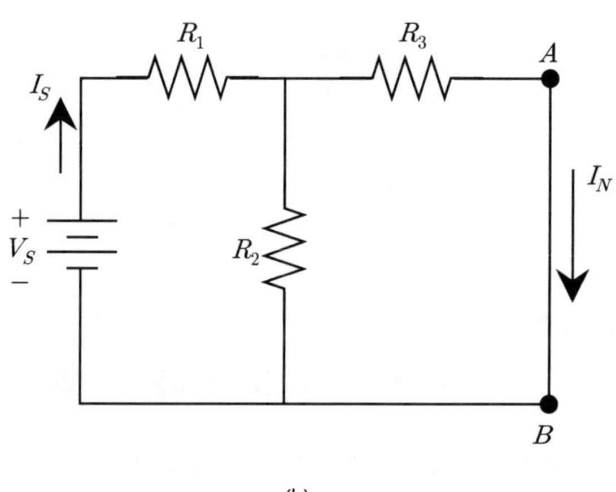

(b)

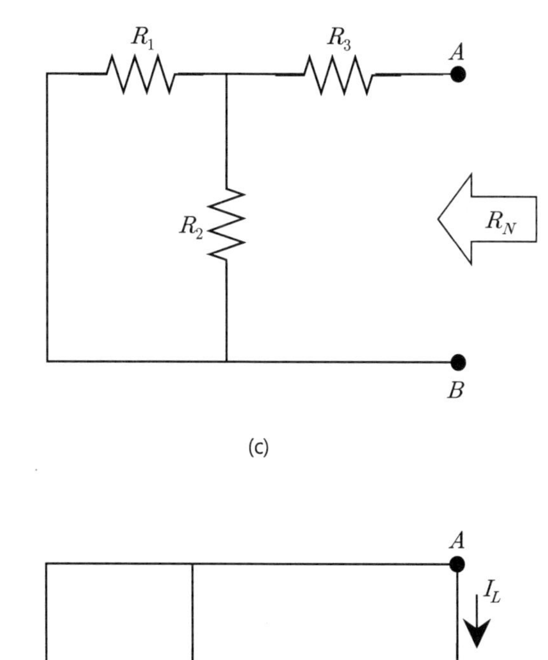

(c)

(d)

[그림 11.2] 노튼의 정리를 이용한 해석법

[그림 11.2] (a)와 같은 회로의 부하저항 R_L에 흐르는 전류 I_L를 구하려면, 우선 [그림 11.2] (b)에서와 같이 부하저항 R_L를 단락시킨다. 노튼의 전류는 단락시킨 두 절점 A와 B 사이를 흐르는 전류이고 다음 식으로부터 구해진다.

$$I_S = \frac{V_S}{R_1 + (R_2 // R_3)} \tag{11.3}$$

$$I_L = (\frac{R_2}{R_2 + R_3}) I_S \tag{11.4}$$

또한, 노튼의 등가저항 R_N은 [그림 11.2] (c)와 같이 모든 전원을 제거한 상태에서 두 절점 A와 B에서 바라 본 총 저항값이고 다음 식과 같다.

$$R_N = R_{AB} = (R_1 // R_2) + R_3 = \frac{R_1 R_2}{R_1 + R_2} + R_3 \quad (11.5)$$

식 (11.4)와 식 (11.5)로부터 구한 노튼의 등가 전류원과 등가저항을 [그림 11.2] (d)와 같이 병렬로 연결하면 노튼의 등가회로가 구해진다. 따라서 부하저항 R_L에 흐르는 전류 I_L은 다음 식과 같다.

$$I_L = (\frac{R_N}{R_N + R_L}) I_N \quad (11.6)$$

【예제 11.1】

다음 회로에서 부하저항 R_L에 흐르는 전류 I_L과 전압 V_L을 노튼의 정리를 이용해서 구하시오.

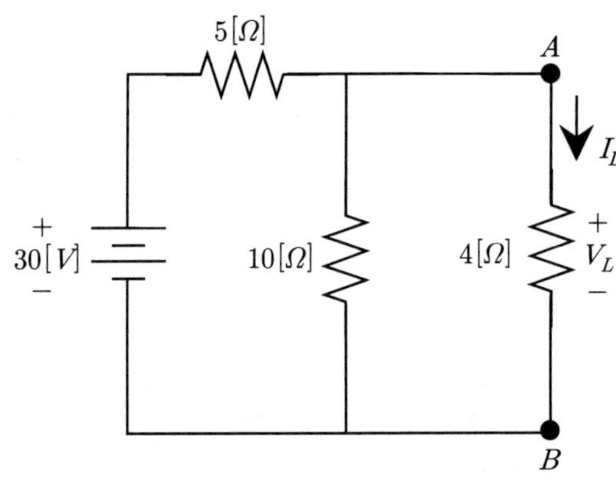

[그림 예제 11.1-1]

풀이

절점 A와 B 사이에 있는 부하저항 R_L을 제거하고 [그림 예제 11.1-2] (a)와 같이 두 절점을 단락시킨 후 노튼 등가전류 I_N을 구한다.

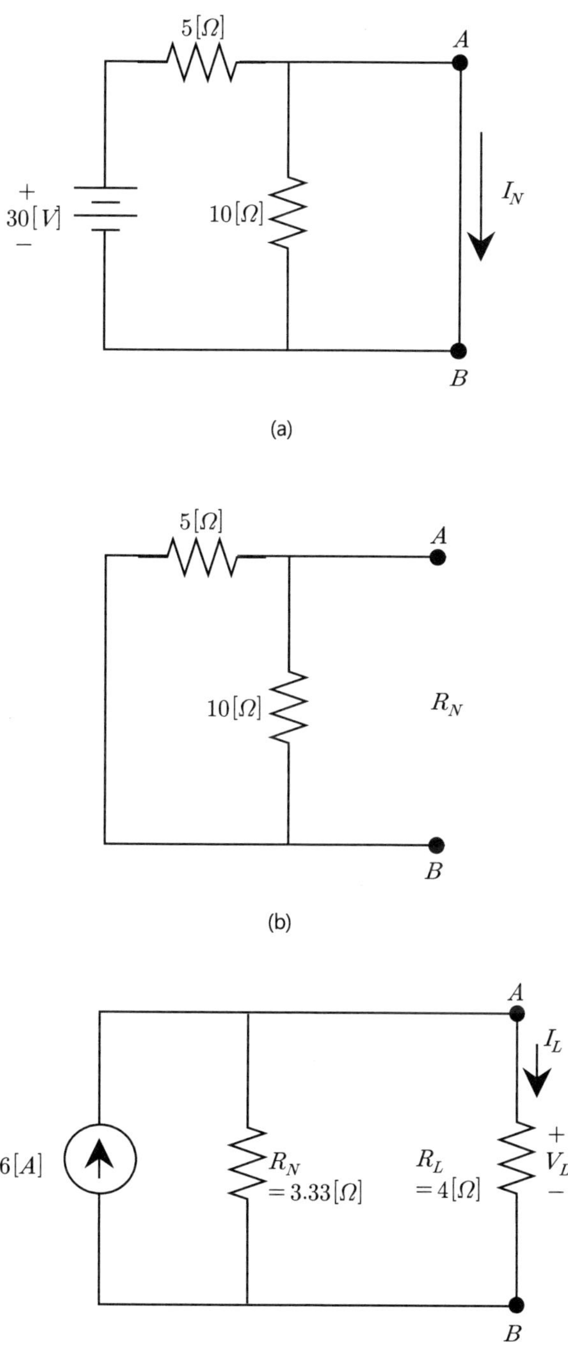

[그림 예제 11.1-2]

$$I_N = \frac{30[V]}{5[\Omega]} = 6[A]$$

또한 노튼의 등가저항 R_N은 [그림 예제 11.1-2] (b)와 같이 전원전압을 개방시킨 후 두 절점 A와 B에서 바라 본 합성저항이므로 다음과 같다.

$$R_N = 5[\Omega]//10[\Omega] = \frac{5[\Omega]\times 10[\Omega]}{5[\Omega]+10[\Omega]} = 3.33[\Omega]$$

따라서 [그림 예제 11.1-2] (c)와 같은 노튼 등가회로가 되며 부하저항 R_L에 흐르는 전류 I_L과 V_L은 각각

$$I_L = (\frac{R_N}{R_N+R_L})I_N = (\frac{3.33[\Omega]}{3.33[\Omega]+4[\Omega]})\times 6[A] = 2.73[A]$$

$$V_L = R_L I_L = 4[\Omega]\times 2.73[A] = 11[V]$$

【예제 11.2】

다음 회로에서 부하저항 R_L에 흐르는 전류 I_L과 전압 V_L을 중첩의 원리와 노튼의 정리를 이용해서 구하시오.

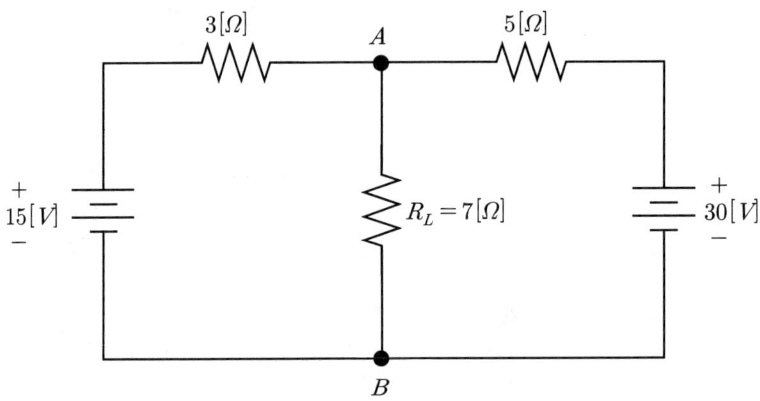

[그림 예제 11.2-1]

풀이

두 절점 A와 B 사이를 단락시키고 이 사이를 흐르는 전류 I_N을 중첩의 원리를 이용하여 구하면 다음과 같다.

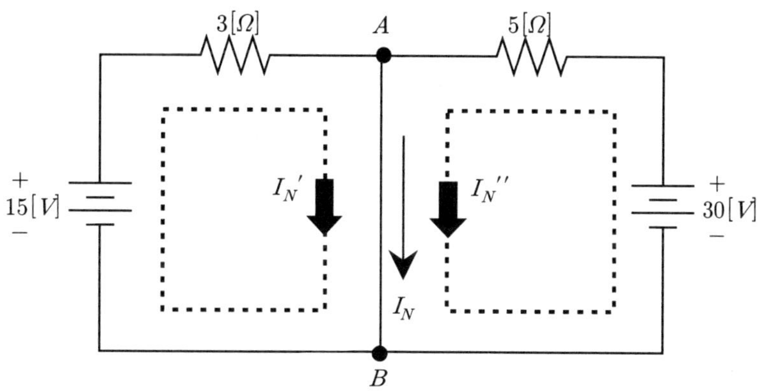

[그림 예제 11.2-2]

전압원 30[V]를 단락시킨 회로에 흐르는 전류 I_N'는

$$I_N' = \frac{15[V]}{3[\Omega]} = 5[A]$$

전압원 15[V]를 단락시킨 회로에 흐르는 전류 I_N''는

$$I_N'' = \frac{30[V]}{5[\Omega]} = 6[A]$$

띠리시

$$I_N = I_N' + I_N'' = 5[A] + 6[A] = 11[A]$$

노튼의 등가저항 R_N은 두 전원전압을 모두 단락시킨 상태에서 합성저항이므로

$$R_N = 3[\Omega]//5[\Omega] = \frac{3 \times 5}{3+5} = 1.88[\Omega]$$

가 된다. 따라서 부하저항 R_L에 흐르는 전류 I_L과 전압 V_L은 각각 다음과 같다.

$$I_L = (\frac{R_N}{R_N + R_L})I_N = (\frac{1.88[\Omega]}{1.88[\Omega] + 7[\Omega]}) \times 11[A] = 2.33[A]$$

$$V_L = R_L I_L = 7[\Omega] \times 2.33[A] = 16.3[V]$$

Ⅲ. 실험기기 및 부품

실험기기	직류전원공급기, 멀티미터, 브레드보드, 리드선
부품	50[Ω], 100[Ω], 300[Ω] 각 1개씩, 200[Ω] 2개

Ⅳ. 실험방법

1. [그림 11.3]과 같이 회로를 구성하시오. 여기서 R_1과 R_2는 200[Ω]이고 R_3와 R_4는 각각 100[Ω]과 300[Ω]이며 부하저항 R_L은 50[Ω]이다.

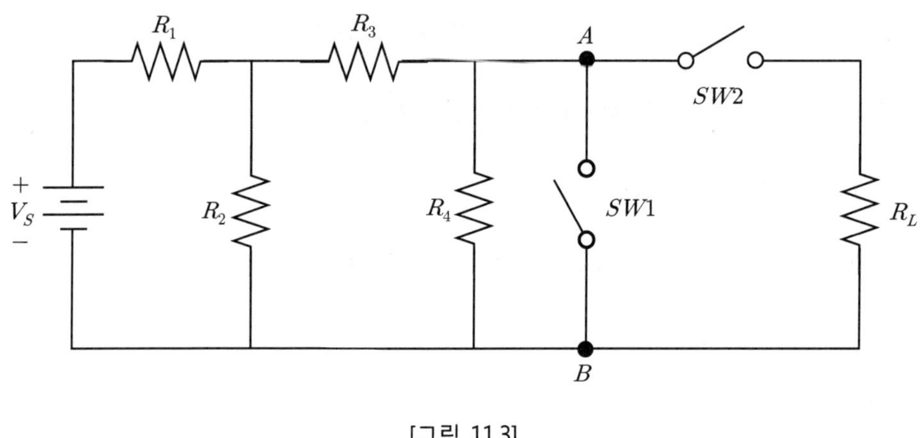

[그림 11.3]

2. 전압원 V_S를 6[V]로 설정한 후 스위치 SW1만 닫은 상태에서 절점 A-B에 흐르는 단락전류를 측정한 후 [표 11.1]에 기록하시오. 여기서 단락전류는 노튼의 등가전류 I_N이다. 측정 후 SW1은 개방시켜 놓는다.

3. 전원 장치를 제거한 후 전압원 V_S를 단락시키고 멀티테스터로 두 절점 A와 B 사이의 저항을 측정한 다음 [표 11.1]에 기록한다. 측정된 저항은 노튼의 등가저항 R_N이다.

4. 단락시켰던 전압원을 다시 전원장치를 이용하여 전압 6[V]를 인가하시오.

5. 스위치 SW1은 열어 놓은 상태에서 스위치 SW2를 닫고 부하저항 R_L에 흐르는 전류 I_L과 부하저항 R_L 양단의 전압 V_L을 측정하고 [표 11.1]에 기록하시오.

6. 실험을 통해 얻은 측정값과 이론값을 비교하시오.

[표 11.1]

	등가전류 $I_N[mA]$	등가저항 $R_N[\Omega]$	부하전류 $I_L[mA]$	부하전압 $V_L[V]$
측정값				
이론값				

실험 12 밀만의 정리

Ⅰ. 실험 목적

여러 개의 병렬 전압원을 단일 등가전압원으로 단순화시키는 밀만의 정리에 대해 이해하고 이를 실험을 통해 확인한다.

Ⅱ. 이 론

밀만의 정리는 [그림 12.1] (a)와 같이 n개 전압원이 병렬로 연결된 회로를 하나의 전압원과 저항이 직렬로 연결된 마치 테브난 등가회로 (d)처럼 간략화시켜 두 절점 A와 B 사이의 전압 V_{AB}를 구하는데 용이한 정리이다. 이 과정은 등가전원변환을 이용하여 (a)의 회로를 (b)와 같이 n개의 전류원으로 바꾸고, 이를 (c)와 같이 하나의 전류원과 저항이 병렬 연결된 회로로 간략화 시킨 후 다시 등가전원변환을 이용하여 (d)와 같은 회로로 구성할 수 있다.

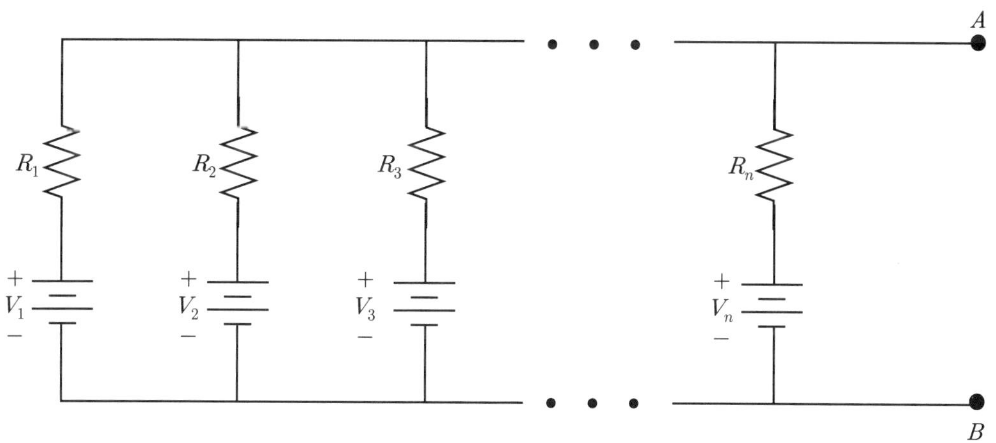

(a)

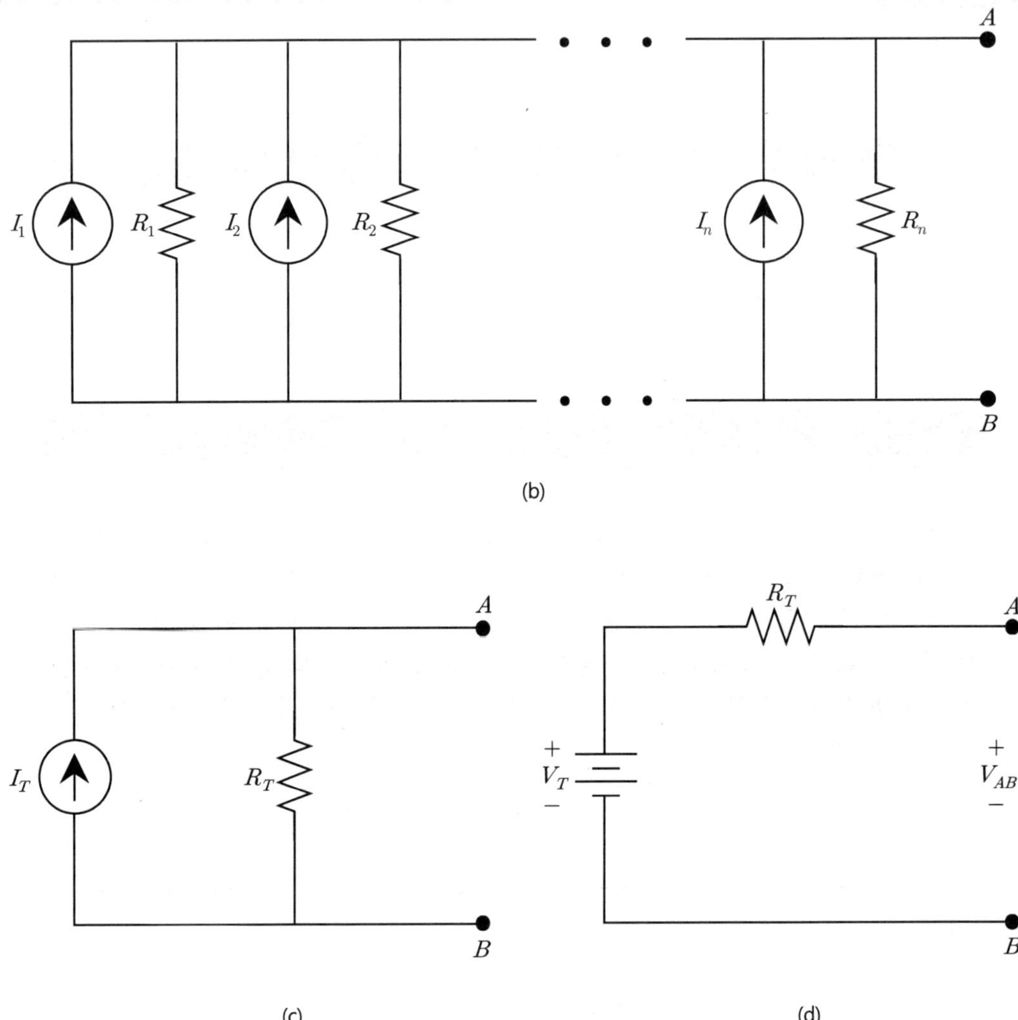

[그림 12.1] 밀만의 정리

두 절점 사의 전압 V_{AB}를 구하는 밀만의 공식을 유도하면 다음과 같다. [그림 12.1] (b)에서 (c)로 등가 변환시킬 때 전체 전류 I_T는 KCL에 의하여 각 지로전류의 합과 같고, 이를 옴의 법칙을 적용하여 전압과 저항으로 표시하면 다음 식과 같다.

$$I_T = I_1 + I_2 + \cdot\cdot\cdot + I_n = \frac{V_1}{R_1} + \frac{V_2}{R_2} + \cdot\cdot\cdot + \frac{V_n}{R_n} \qquad (12.1)$$

또한, [그림 12.1] (b)에서 모든 전류원을 개방시킨 후 전체저항 R_T를 구하면 다음과 같다.

$$R_T = \frac{1}{\frac{1}{R_1} + \frac{1}{R_2} + \cdot \cdot \cdot \cdot + \frac{1}{R_n}} \quad (12.2)$$

식 (12.1)과 (12.2)를 이용하여 [그림 12.1] (d)의 두 절점 A-B 양단의 전압 V_T를 구하면 다음과 같다.

$$V_T = I_T R_T = \frac{\frac{V_1}{R_1} + \frac{V_2}{R_2} + \cdot \cdot \cdot \cdot \frac{V_n}{R_n}}{\frac{1}{R_1} + \frac{1}{R_2} + \cdot \cdot \cdot \cdot + \frac{1}{R_n}} \quad (12.3)$$

【예제 12.1】

다음 회로에서 부하저항 R_L에 흐르는 전류 I_L과 전압강하 V_L을 밀만의 정리를 이용하여 구하시오.

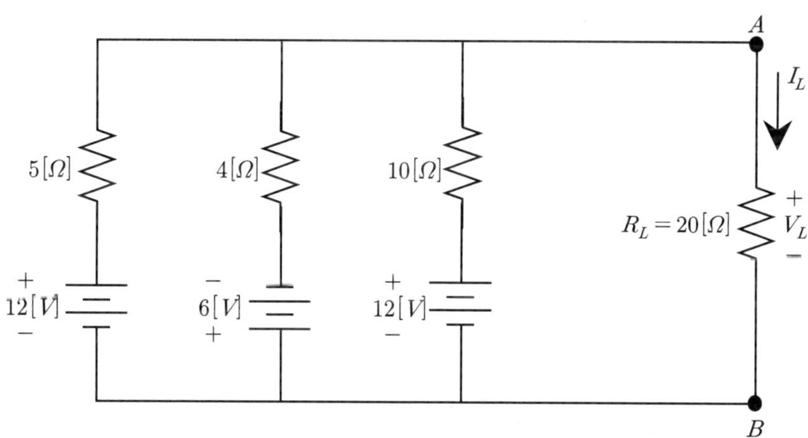

[그림 예제 12.1-1]

밀만 정리에 의해 [그림 예제 12.1-2]와 같이 테브난 등가회로로 변환시킨 후 R_T와 V_T를 구하면 각각 다음과 같다(6[V] 전압의 극성 주의).

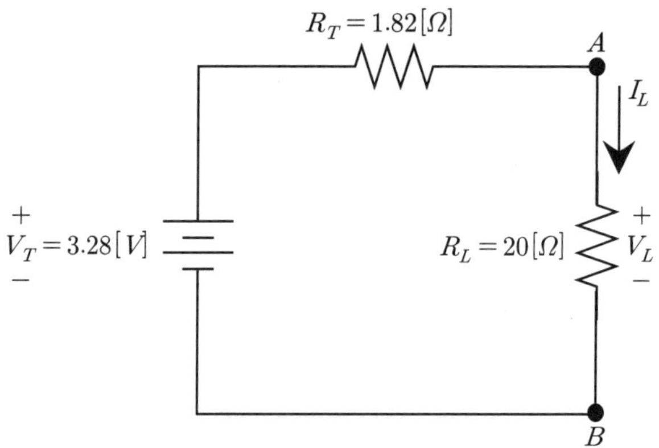

[그림 예제 12.1-2]

$$R_T = \frac{1}{\frac{1}{R_1}+\frac{1}{R_2}+\frac{1}{R_3}} = \frac{1}{\frac{1}{5[\Omega]}+\frac{1}{4[\Omega]}+\frac{1}{10[\Omega]}} = 1.82[\Omega]$$

$$V_T = \frac{\frac{V_1}{R_1}+\frac{V_2}{R_2}+\frac{V_3}{R_3}}{\frac{1}{R_1}+\frac{1}{R_2}+\frac{1}{R_3}} = \frac{\frac{12[V]}{5[\Omega]}+\frac{(-6)[V]}{4[\Omega]}+\frac{12[V]}{10[\Omega]}}{\frac{1}{5[\Omega]}+\frac{1}{4[\Omega]}+\frac{1}{10[\Omega]}} = 3.82[V]$$

따라서, 부하저항 R_L에 흐르는 전류 I_L과 전압 V은 각각 다음과 같다.

$$I_L = \frac{V_T}{(R_T+R_L)} = \frac{3.82[V]}{(1.82[\Omega]+20[\Omega])} = 0.175[A]$$

$$V_L = R_L I_L = 20[\Omega] \times 0.175[A] = 3.5[V]$$

Ⅲ. 실험기기 및 부품

실험기기	직류전원공급기, 멀티미터, 브레드보드, 리드선
부품	1[kΩ], 1.2[kΩ], 2[kΩ], 3[kΩ] 각 1개씩

Ⅳ. 실험방법

1. [그림 12.2]와 같은 회로를 구성한다.

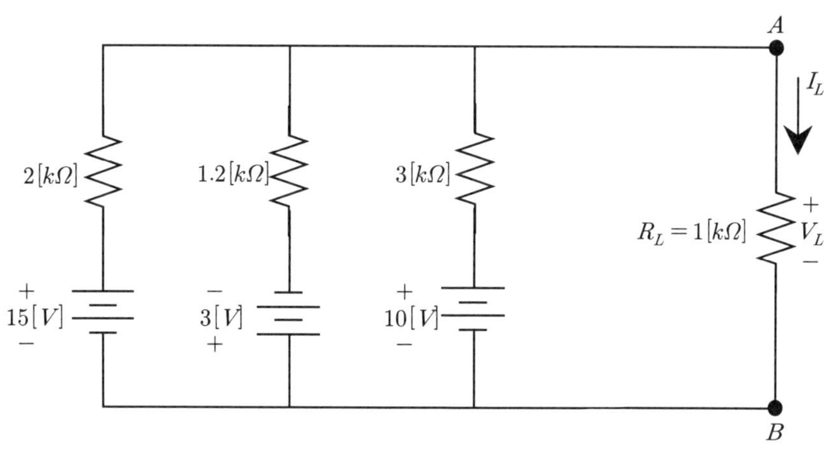

[그림 12.2]

2. 밀만의 정리를 이용하여 R_L 양단에 흐르는 전류 I_L과 전압 V_L을 각각 측정하고 이론값과 비교하시오.

[표 12.1]

	측정값	이론값	계산식
전류(I_L)			
전압(V_L)			

실험 13 최대 전력 전달 조건

Ⅰ. 실험 목적

최대 전력이 부하에 전달되는 조건을 이해하고 실험을 통해 이를 확인한다.

Ⅱ. 이 론

전원에 부하가 연결된 경우 소비전력은 전원의 내부저항과 부하에 발생한다.

[그림 13.1]을 이용하여 선형회로망에서 부하저항에 최대전력이 전달되는 조건을 구해 보자.

이 회로를 통해 흐르는 전류 I_L는 다음과 같다.

$$I_L = \frac{V_S}{R_S + R_L} \tag{13.1}$$

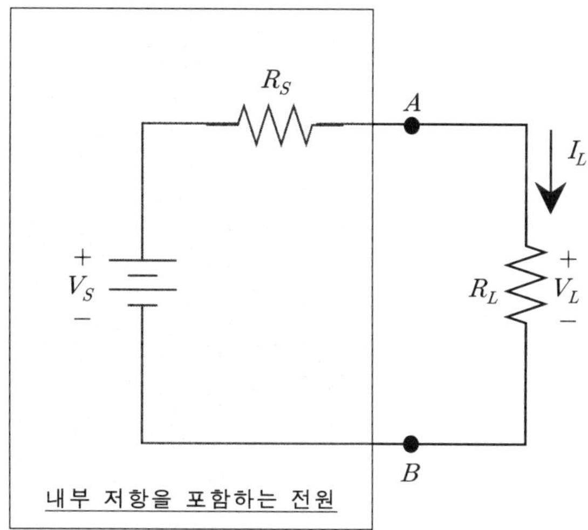

[그림 13.1] 최대전력전달조건

따라서, 부하저항 R_L에서의 전력은

$$P_L = R_L I_L^2 = \frac{R_L V_S^2}{(R_S + R_L)^2} \tag{13.2}$$

이다. 여기서 R_L이 0이거나 ∞에서는 부하에서의 전력은 없게 되므로 P_L이 최대가 되는 R_L의 값을 구하려면 $\partial P_L / \partial R_L = 0$이 되는 경우이다.

$$\frac{\partial P_L}{\partial R_L} = \left[\frac{R_S - R_L}{(R_S + R_L)^3} \right] V_S^2 = 0 \tag{13.3}$$

$$\therefore R_L = R_S \tag{13.4}$$

따라서 부하저항이 전원의 내부저항과 같을 때, 즉 $R_L=R_S$일 때, 전원에서 부하로 최대 전력이 전달되며 이것을 최대전력 전달 조건이라 한다. 식 (13.2)에 $R_L=R_S$을 대입하면 부하에 공급되는 최대전력 $P_{L(max)}$은

$$P_{L(\max)} = \frac{V_S^2}{4R_L} = \frac{V_S^2}{4R_S} \tag{13.5}$$

가 된다. 부하는 전원으로부터 최대전력 이상은 전달되지 않으므로 이 $P_{L(max)}$을 전원의 가용전력(available power)이라 하며, 전달효율 η는

$$\eta = \frac{P_L}{P_S} \tag{13.6}$$

으로 표현한다. 여기서 전원에서 공급되는 전체 평균전력 P_S는

$$P_S = \frac{V_S^2}{R_S + R_L} \tag{13.7}$$

이다. 최대 전력을 전달할 경우 효율은 50%가 되고, $R_S<R_L$일 경우 부하에 전달되는 전력은 감소하나 효율은 증가한다.

【예제 13.1】

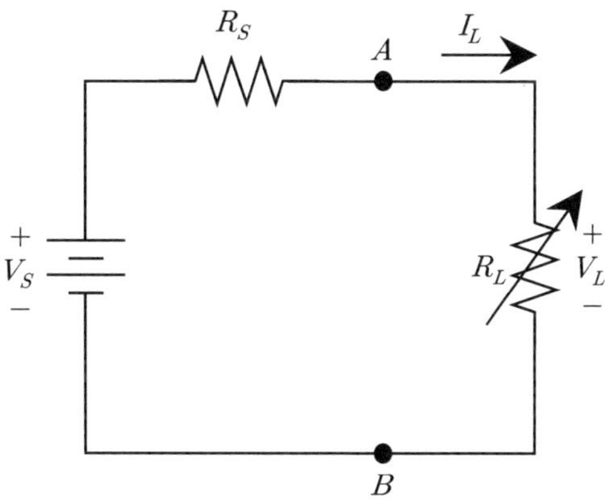

[그림 예제 13.1]

[그림 예제 13.1]에서 전압원 V_S=10[V], 내부저항 R_S=4[Ω]일 때 부하저항 R_L을 0에서부터 무한대까지 변화시키면서 R_L의 크기가 얼마일 때 V_S로부터 최대 전력이 부하에 전달되는지 알아보자. 부하저항 R_L에 따라 소비전력(전달전력) P_S를 구하면 [표 13.1]과 같다.

[표 13.1]

$R_L[\Omega]$	$P_S[W]$	$P_L[W]$	**효율** η**(%)**
1	20.0	4.0	20.0
2	16.7	5.6	33.3
3	14.3	6.1	42.9
4	12.5	6.3	50.0
5	11.1	6.2	55.6
6	10.0	6.0	60.0
7	9.1	5.8	63.6
8	8.2	5.6	66.7

[표 13.1]에서와 같이 R_L이 4[Ω]일 때 즉, R_L=R_S일 때 최대 전력이 전달된다. 이때 효율은 50%이다. 이유는 부하저항 R_L에서 소비되는 전력만큼 내부저항 R_S에서도 소비되기 때문이다. 두 절점 A-B에 대해 전원측에서 본 저항과 부하측에서 본 저항이 같을 때 두 저항이 정합(matching)되었다고 하고 최대 전력이 부하에 걸리게 된다.

【예제 13.2】

다음 회로의 전압원이 V_S=20[V]이고 내부 저항이 R_S=5[Ω]이다. 부하 저항 R_L이 얼마일 때 최대 전력이 부하에 전달되며 이때의 전달효율 η를 구하시오.

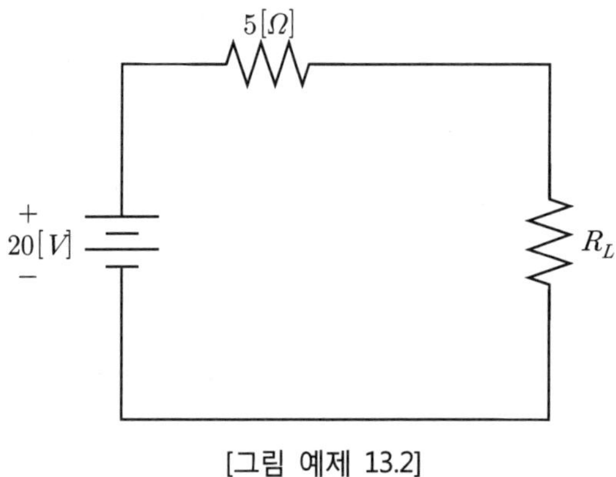

[그림 예제 13.2]

풀이

부하저항 R_L이 R_L=R_S=5[Ω]일 때 최대전력이 다음과 같이 전달되며

$$P_{L(\max)} = \frac{V_S^2}{4R_L} = \frac{20^2}{4\times 5} = 20[W]$$

전압원 V_S가 공급한 전력 P_S는 다음과 같다.

$$P_S = V_S I_S = 20\times 2 = 40[W]$$

따라서, 전달효율 η은

$$\eta = \left(\frac{P_{L(\max)}}{P_S}\right)\times 100 = 50\%$$

이다.

Ⅲ. 실험기기 및 부품

실험기기	직류전원공급기, 멀티미터, 브레드보드, 리드선
부품	1[kΩ], 2[kΩ] 각 2개씩, 가변저항 10[kΩ] 1개

Ⅳ. 실험방법

1. [그림 13.2]와 같은 회로를 구성한다.

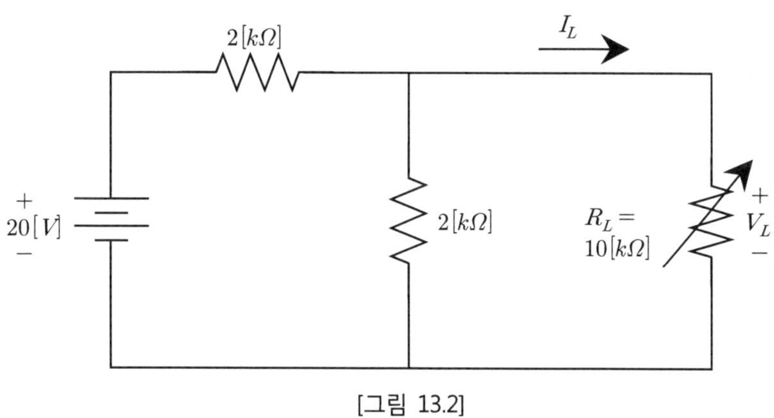

[그림 13.2]

2. 테브난의 정리에 의해 [그림 13.3]과 같은 등가회로로 변환한 후 전압 V_{TH}와 저항 R_{TH}를 계산하고 [표 13.2]에 기록하시오.

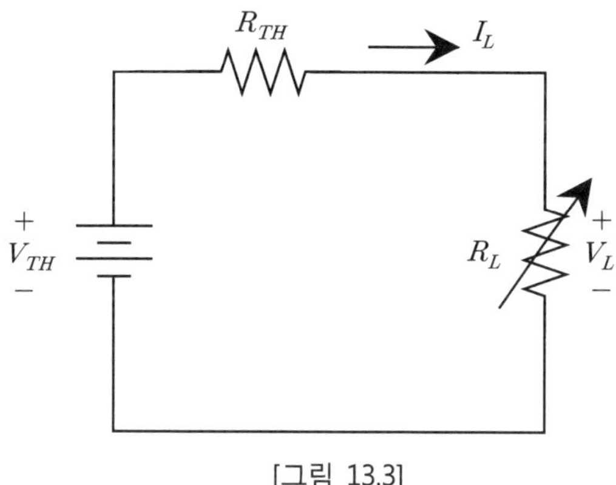

[그림 13.3]

[표 13.2]

	이론값	계산식:
저항(R_{TH})		
전압(V_{TH})		

3. [그림 13.2]에서 부하저항 R_L을 [표 13.3]과 같이 변화시키면서 전압 V_L과 전류 I_L을 측정한다. 또한, 각 부하에서의 소비전력은 $P_L=V_LI_L$을 이용하여 계산한 후 [표 13.3]에 기록하시오.

[표 13.3]

R_L	$400[\Omega]$	$500[\Omega]$	$800[\Omega]$	$1[k\Omega]$	$1.5[k\Omega]$	$2[k\Omega]$	$3[k\Omega]$
$V_L[V]$							
$I_L[mA]$							
$P_L[mW]$							

4. [표 13.3]을 참조하여 부하저항 변화에 따른 소비전력의 변화를 [그림 13.4]에 그리시오.

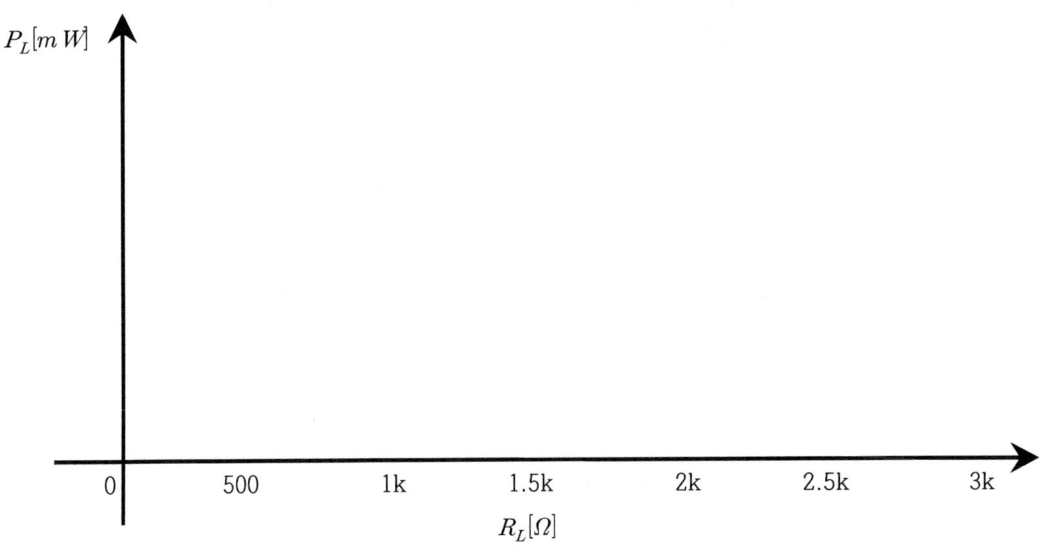

[그림 13.4]

5. [그림 13.4]에서 소비전력이 최대가 되는 부하저항 R_L과 그 때의 소비전력 P_L은 각각 얼마인가?

6. [그림 13.3]에 V_{TH}와 저항 R_{TH}에 해당하는 전압과 저항을 회로로 구성하고 부하저항 R_L을 [표 13.4]와 같이 변화시키면서 전압 V_L과 전류 I_L을 측정한다. 또한, 부하에서의 소비전력은 $P_L=V_LI_L$을 이용하여 계산한 후 기록한다.

[표 13.4]

R_L	$400[\Omega]$	$500[\Omega]$	$800[\Omega]$	$1[k\Omega]$	$1.5[k\Omega]$	$2[k\Omega]$	$3[k\Omega]$
$V_L[V]$							
$I_L[mA]$							
$P_L[mW]$							

7. [표 13.4]를 참조하여 부하저항 변화에 따른 소비전력의 변화를 [그림 13.5]에 그리시오.

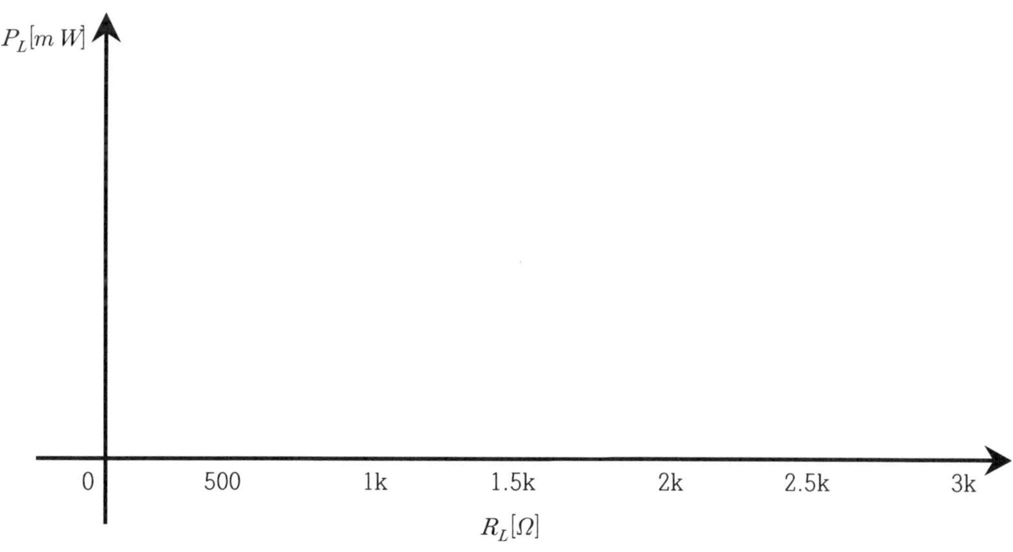

[그림 13.5]

8. [그림 13.5]에서 소비전력이 최대가 되는 부하저항 R_L과 그 때의 소비전력 P_L은 각각 얼마인가?

9. 실험 3)~5)의 결과와 실험 6)~8)의 결과를 비교하고 서로 일치하는지 확인하시오.

실험 14

오실로스코프1

Ⅰ. 실험 목적

오실로스코프의 기능과 사용법을 익히고, 오실로스코프를 이용하여 신호의 진폭, 주기, 주파수 및 위상을 측정한다.

Ⅱ. 이 론

1. 기본구조와 동작원리

오실로스코프(oscilloscope)는 전압을 측정하고 시간에 따른 파형의 변화를 관찰하는데 사용하는 매우 유용한 계측기이다.

이 계측기는 음극선 오실로스코프 또는 간단히 스코프라고도 불리기도 하며 [그림 14.1]과 같이 화면(CRT)조정부, 수직조정부, 수평조정부, 소인발진기 및 동기조정부로 구성되어 있다.

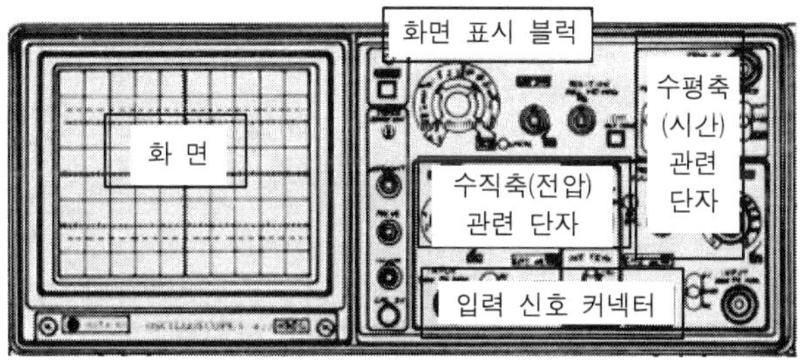

[그림 14.1]

1) 화면(음극선관, CRT(cathode ray tube))

음극선관은 [그림 14.2]와 같이 전자총, 수평 및 수직 편향판, 형광막으로 나누어져 있으며 수직편향판은 전자빔을 상하로 수평편향판은 좌우로 편향시킨다.

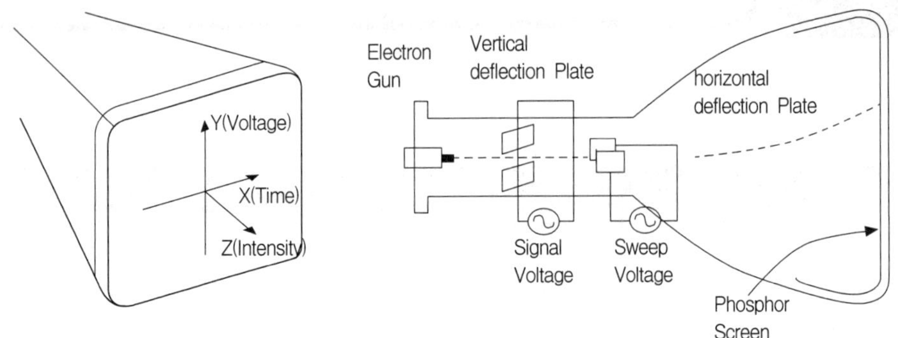

[그림 14.2] CRT의 구성도

전자총에서 생성된 전자빔은 형광판을 향해 쏘아지며 형광판의 어느 위치에 도달하는지는 수직 및 수평 편향판에 걸린 전압에 따라 결정된다.

형광판의 어느 점에 도달한 전자들은 형광막과 충돌하고 이때 전자의 운동에너지가 반도체인 형광막에 주어져 빛에너지로 변환되며 이 충돌 지점에서 빛이 나와 눈으로 볼 수 있게 된다.

수평 편향판에 [그림 14.3]과 같은 톱니파 전압을 걸어주면 전자 빔이 스크린을 때리는 점이 수평방향으로 시간 t에 비례하여 이동한다.

시간이 t=0에서부터 전압이 점점 증가하기 시작하므로 전자빔은 수평으로 편향하게 되며 t=T일 때 전압이 갑자기 t=0일 때의 값으로 떨어지므로 전자빔도 역시 t=0의 위치로 되돌아가며 그 이후 동일한 변화를 반복한다.

수평 편향판에 인가되는 이러한 전압을 sweep 전압이라 한다.

이 상태에서 수직 편향판에 주기적인 교류 신호 전압을 걸면 신호 전압의 주기와 sweep 전압의 주기가 일치할 때 또는 sweep 전압의 주기를 신호파형의 주기의 정수배로 하면 CRT의 스크린에 정지된 신호파형이 나타난다.

이때 신호의 주파수 f와 주기 T=1/f의 관계가 성립된다.

이와 같이 sweep전압의 주기를 수직편향판에 가해지는 입력신호 주기의 정수배로 조절하는 것을 동기(synchronization)라고 한다.

그리고 수직축 입력 신호의 크기는 수직 감쇄기와 전압 배분기에 의해 임의로 조정할 수 있다.

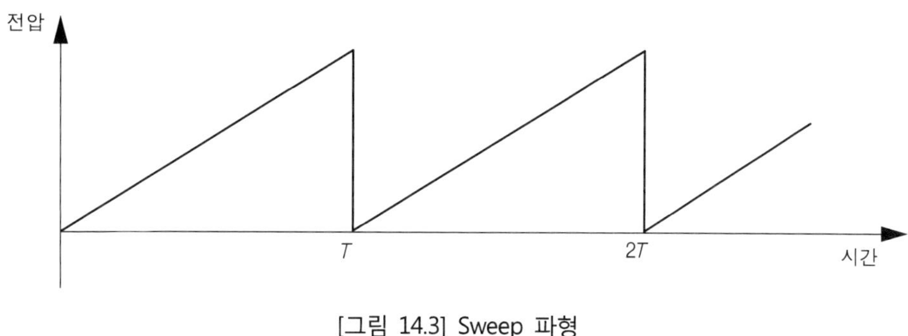

[그림 14.3] Sweep 파형

2) 수직조정부

수직 편향판에 가해지는 신호 전압의 증폭도를 상하 방향으로 조정하는 것으로 VOLTS/DIV 스위치로 조정한다.

3) 수평조정부

수평 편향판에 가해지는 신호 전압의 증폭도를 좌우 방향으로 조정하는 것으로 TIME/DIV 스위치로 조정한다.

X-Y mode 동작에서는 형광점의 좌우 방향의 진폭을 크게 하며, 보통 파형을 관찰하는 sweep mode에서는 [그림 14.3]의 sweep 파형의 기울기를 조정한다.

즉, sweep 파형의 최대값과 최소값을 화면의 크기에 따라 일정한 값으로 정해지므로 TIME/DIV 스위치를 조정하여 기울기를 바꾸어 주면 [그림 14.4]의 주기 T가 바뀌게 된다. 따라서 입력신호의 주기에 따라 증폭도, 즉 TIME/DIV를 적절히 조정해 준다.

4) 소인발진기

관측할 전압 파형을 수직 편향판에 가하면 수직방향의 상하 운동만 하는 광점의 연속적인 직선 그래프가 나타난다. 이때 광점이 수평 방향으로 주기적인 운동을 가하도록 수평 편향판에 전압을 가하면 수직 편향판에 가한 전압 파형이 형광면에 어떤 곡선 그래프를 그리게 된다. 이와 같이 수직 파형의 진폭 크기에 따르는 광점의 위치를 시간에 따라 수평방향으로 분해하여 나열한 모양으로 만들어 파형을 관찰할 수 있게 하는 장치가 소인 발진기이다.

이 발진기의 출력 전압 파형은 [그림 14.4]와 같은 톱니 파형이고 그 주파수는 수평 증폭기의 증폭도를 조절하는 TIME/DIV 스위치에 따라 결정되며 오실로스코프의 종류에 따라 저주파로부터 고주파의 범위까지 변화시킬 수 있다.

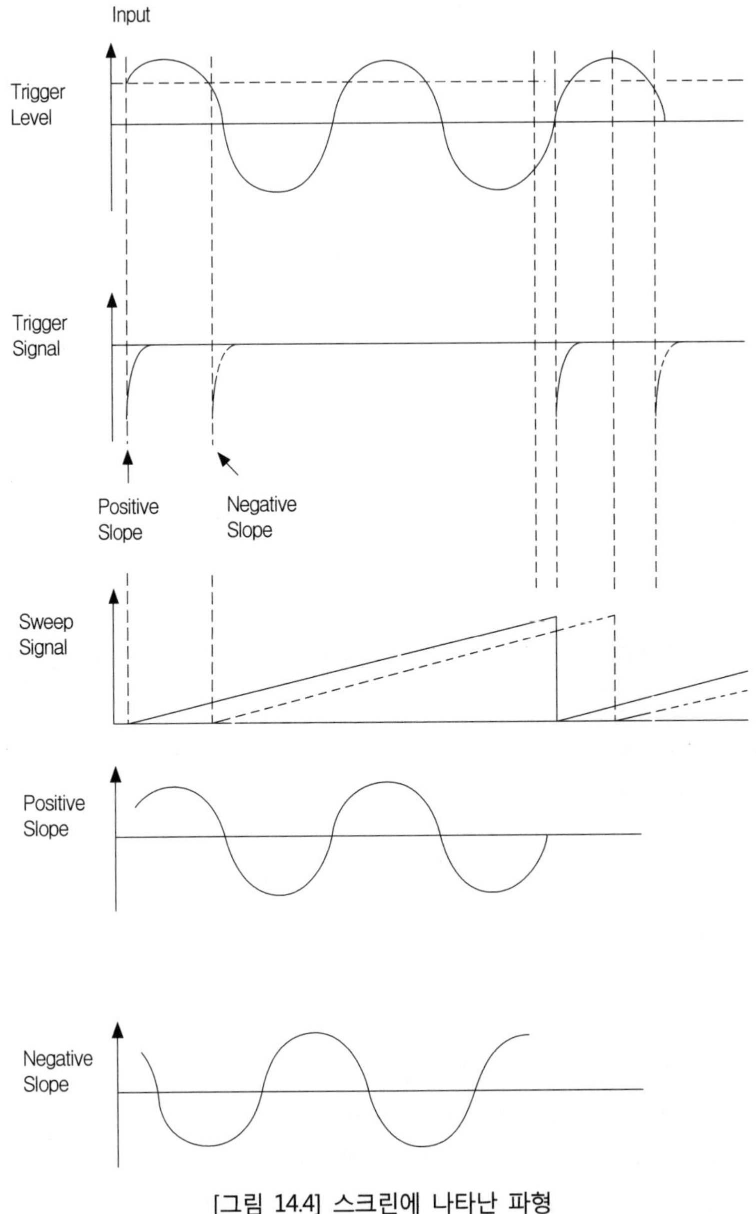

[그림 14.4] 스크린에 나타난 파형

5) 동기조정부

형광판 스크린에 정지 화면을 얻기 위해 신호(수직 편향판에 가해짐)의 주기와 소인 발진기의 톱니파(내부에서 만들어져 수평 편향판에 가해짐: [그림 14.3] 참조)의 주기를 정확히 정수배로 일치시키는 것이 어려우므로 실제로는 톱니파가 시작되는 시점을 정해주는데 이것을 트리거라 한다.

트리거 신호는 [그림 14.4]와 같이 매우 짧은 폭의 주기적인 펄스로 이 펄스가 나타나는 시작점에서부터 수평 방향으로의 편향이 시작되어 스크린 상에 파형이 나타나게 되며, 그 시작 시간(펄스가 나타나는 시간)은 신호의 전압값이 트리거 레벨 스위치가 정해주는 값이 되는 시간이다.

2. 각 조절기의 명칭과 기능 설명

[그림 14.1]에 나타난 바와 같이 일반적인 오실로스코프는 화면과 화면 표시 상태를 조절하는 블록, 수직측(2개의 채널), 조절단자 블록, 수평축(스위프와 트리거) 조절단자 블록 및 입력신호 커넥터 연결 블록으로 나누어져 있다.

오실로스코프의 각부 명칭과 기능, 동작방법을 (주)흥장 6506오실로스코프를 중심으로 자세히 살펴보기로 한다.

[그림 14.5] (a)는 (주)흥창의 오실로스코프(6506)의 전면이고, (b)는 오실로스코프의 후면을 나타낸 것이다.

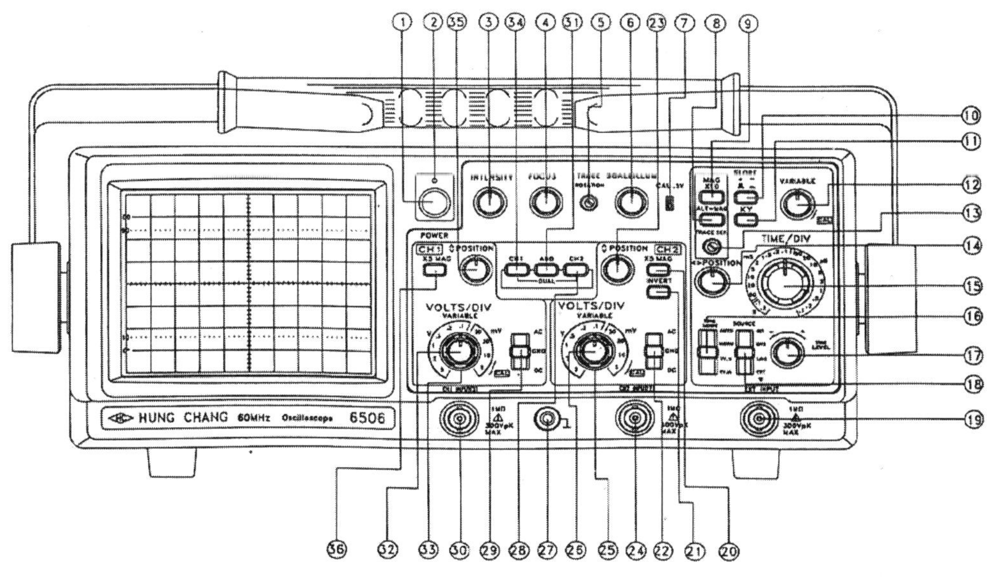

(a)

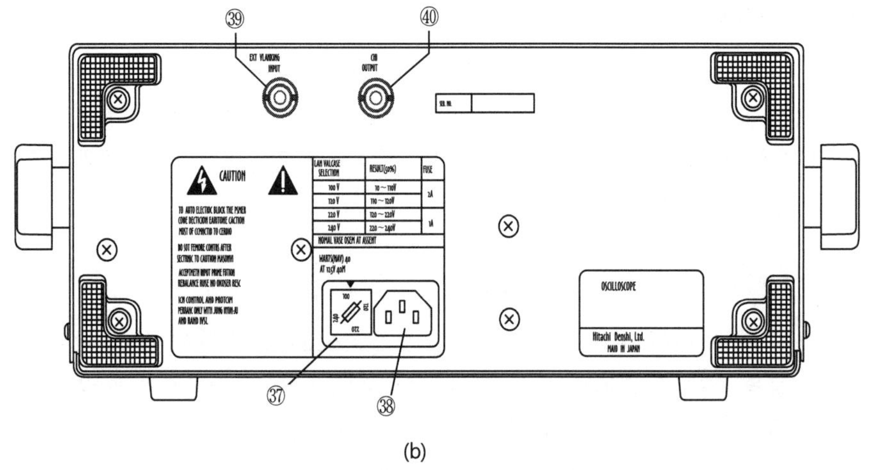

(b)

[그림 14.5] 오실로스코프의 전후면 단자

1) 전원과 화면 표시상태 조절 블록

① 전원 스위치 ON/OFF

오실로스코프 뒷면([그림 14.5] (b))의 전원전압 변환기 ㊲에 표시된 전압을 설정하고AC단자 ㊳을 전원 케이블을 연결한다. 퓨즈는 전원전압 선택기에 표시된 전압에 알맞은 정격의 것을 사용한다. 전원전압을 확인하고 전원 스위치를 OFF로 놓고, 전원 코드를 꽂는다. 전원 스위치는 푸시버튼형 스위치이며 눌려져 있는 상태가 ON이 되며 나와 있는 상태가 OFF가 된다.

② 전원 램프

전원이 ON될 때 점등된다.

③ INTENSITY 단자

시계 방향으로 돌리면 휘도가 밝아진다. 전원을 넣기 전에는 반시계 방향으로 끝까지 돌린다.

④ FOCUS 단자

적당한 휘도가 맞추어 졌으면 휘선이 가장 선명하게 되도록 이 FOCUS 단자로 조정한다. 또 INTENSITY를 돌리면 자동적으로 초점이 맞춰지지만 다소 틀어지는 경우도 있으므로 그때는 재조정한다.

⑤ TRACE ROTATION 단자

화면에 나타난 휘선이 자자기의 영향으로 수평눈금에서 기울어지는 것을 보정하기 위한 것이다.

⑥ SCALE ILLUMINATION 단자
화면의 눈금을 밝게 비추어준다. 시계방향으로 돌리면 밝아지며 어두운 장소에서 사용할 때나 사진 촬영 시에 사용한다.

㊲ FUSE HOLDER 및 전원전압 변환기(뒷면 패널)
오실로스코프에 공급되는 전원을 선택할 수 있으며 내부에 퓨즈가 들어있다.

㊳ AC INLET(뒷면 패널)
전원코드 접속용 커넥터이다.

2) 수직축 주변 블록

㉚ CH1(채널1) 입력 커넥터
신호 입력용 BNC 커넥터이다.

㉔ CH2(채널2) 입력 커넥터
두 번째 신호 입력용 BNC 커넥터이다. ㉚과 함께 동시에 2개의 신호상태를 관찰할 수 있다.

㉙,㉒ AC-GND-DC 스위치
㉙는 CH1을, ㉒는 CH2의 신호상태를 조정한다.
AC: 콘덴서를 통해 접속된다. 입력신호의 직류성분은 차단되고, 교류성분만 표시된다.
GND: 입력이 접지되어 0 전위만 나타낸다.
DC: 직접 접속된다. 입력신호는 교류는 물론 직류도 포함하여 표시된다.

㉝,㉕ VOLT/DIV 절환 스위치
㉝은 CH1을, ㉕는 CH2의 입력전압 상태를 조정한다. 수직축 편향감도를 조정하는 스텝감쇠기이다. 입력신호의 크기에 따라 관측하기 쉬운 범위로 설정한다.

㉖,㉜ VARIABLE 단자
수직축 편향 감도를 가변하는 미세조정기이다. 화살표 반대방향으로 끝까지 돌리면 1/2.5 이하로 감쇠된다. 특별한 경우를 제외하고는 시계방향으로 끝까지 돌려 놓는다.

⑳,㊱ ×5 MAG 단자
단자를 눌렀을 경우, 수직축의 이득이 5배로 확대된다.

㉓,㉟ ×POSITION 단자
화면상의 휘선을 상하로 이동할 수 있다.

㉑ INVERT 단자

단자를 누르면 CH2에 인가된 입력 신호의 극성이 반전된다. 극성이 다른 2개의 파형을 비교할 때나, 신호 더하기 기능을 사용해서 CH1과 CH2의 차 신호(CH1)-(CH2)의 파형 관측에 편리하다.

㉘,㉛,㉞ MODE 선택 단자

수직축의 동작 방식을 선택한다. ㉞는 CH1에 가해진 신호만 화면에 표시한다. ㉘은 CH2에 가해진 신호만 화면에 표시한다. ㉞와 ㉘을 동시에 누르면 DUAL로서 CH1과 CH2의 신호가 동시에 나타난다.

㉛ ADD

CH1과 CH2에 인가된 입력신호를 더해서 화면에 나타낸다. 만약 단자 ㉑이 눌러져 있으면 차신호를 나타낸다.

㊵ CH1 SIG OUT 커넥터(뒷면 패널)

CH1에 입력된 신호를 다시 다른 기기에 연결할 수 있는 출력 단자로서, 약 20mV/DIV의 진폭으로 출력한다(50Ω 사용 시).

3) 수평축 주변 블록

⑮ TIME/DIV 절환 스위치

수평(시간)축을 0.2s/DIV에서 0.1μs/DIV까지(20단) 전환할 수 있다.

⑪ X-Y 단자

X-Y 모드로서 사용할 때 쓴다. CH1에 X신호(수평축), CH2에 Y신호(수직축)를 입력한다. 이때 수직축 편향감도는 CH2 VOLTS/DIV ㉕로, 수평축 감도는 CH1 VOLTS/DIV ㉝으로 조정한다. 수직위치는 CH2 POSITION ㉓으로, 수평위치는 시간축 POSITION ⑭로 조정한다.

⑫ SWEEP VARIABLE 스위치

스위치를 시계방향으로 다 돌리면 CAL로 되어 TIME/DIV 지시치로 교정된다. 반시계방향으로 다 돌리면 SWEEP은 1/2.5 이하로 늦어진다. 보통 시계방향으로 끝까지 돌려 놓는다.

⑭ ↔ POSITION 스위치

화면상의 휘선이 좌우로 이동한다. 파형의 주기나 주파수 측정 등에 필요한 단자이다.

⑨ MAG×10 단자

MAG×10 단자를 누르면 SWEEP을 10배로 확대할 수 있다. 이때 SWEEP TIME/

DIV는 지시치의 1/10배로 된다. 파형을 확대하여 관측하고 싶은 부분을 수평축의 POSITION으로 눈금의 중심으로 가져온다. 다음 MAG ×10 SWEEP을 누르면 중심에 놓은 파형이 좌우로 확대된다. 이때 SWEEP TIME은 TIME/DIV에 의해 얻어진 SWEEP 속도의 10배 즉, 표시된 SWEEP TIME 1/10으로 읽는다.

⑧ ALT-MAG 단자

CH1과 CH2에 인가된 입력 신호를 한번 SWEEP할 때 마다 전환해서 화면에 ×1의 파형과 ×10의 파형을 동시에 관측할 수 있다.

- 확대하고 싶은 부분을 화면 중앙에 맞춘다.
- ×10의 파형은 ×1의 파형의 약 2 DIV 이상 가변된다(TRACE SEP VR ⑬ 단자).

4) 동기조정부

⑱ SOURCE 전환 스위치

SWEEP 동기 신호원을 선택한다.

INT: CH1 또는 CH2에 인가된 입력신호가 동기 신호원이 된다.

CH2: CH2에 인가된 입력 신호가 동기 신호원이 된다.

LINE: 전원주파수가 동기 신호원이 된다.

⑲ EXT INPUT 커넥터

이 커넥터에 인가된 외부 신호가 동기 신호로 설정된다. 수직축 신호와는 별개로 특정신호로 동기 시킬 때 사용한다.

⑰ TRIG LEVEL 스위치

TRIG LEVEL을 설정해서 파형의 어느 부분에서 SWEEP를 시작하느냐를 결정한다.

⑩ SLOPE 단자

SLOPE 전환은 단자로서, 보통상태(누르지 않음)일 때 (+) SLOPE에서, 눌렀을 때 (-) SLOPE에서 SWEEP를 시작한다.

⑯ TRIG MODE 전환 스위치

AUTO: 자동 동기 SWEEP가 되어 계속적으로 SWEEP한다.

NORM: 동기 SWEEP로 되어 동기가 걸렸을 대만 SWEEP한다.

TV-H: 트리거 모드가 TV로 설정할 때만 사용한다(H 동기).

TV-V: 트리거 모드를 TV로 설정했을 때만 유효하고 TV신호의 수직 신호에 동기를 걸어서 관측할 대 사용한다(주의: TV-V, TV-H 다 같이 동기신호는 (-)일 때만 동기한다.).

㊴ Z-AXIS INPUT 커넥터(뒷면 판넬)
휘도변조용의 입력단자다. 직류결합으로 되어 있어 (+)의 신호는 휘도가 저하하고 (-)의 신호는 휘도가 증가한다.

⑦ CAL 0.5V 단자
주파수 1kHz, $0.5V_{P-P}$의 교정용 구형파 출력단자이다. CAL 단자가 붙어있어 프로브를 사용하여 신호가 제대로 나오는지 교정한다.

㉗ GND 단자
접지용 단자이다.

3. 오실로스코프의 설정방법

전원스위치를 넣기 전에 입력 전압을 확인한다. AC 200V로 전원을 전압 전환기가 설정되었다면 입력 전원 전압이 180V~200V의 범위내인가를 확인한다. 입력전원 선택은 뒷면 패널의 표시를 참조한다. 뒷면 패널의 전원 코드를 AC INLET에 꼽고 각 단자를 다음과 같이 설정한다.

[표 14.1]

순번	단자	동작상태
1	POWER ①	OFF 상태
2	INTENSITY ③	반시계 방향으로 끝까지 돌린다.
3	FOCUS ④	중앙
4	AC-GND-DC ㉙	GND
5	↕ POSITION ㉟	중앙
6	CH1 ㉞	누름
7	TRIG MODE ⑯	AUTO
8	TRIG SOURCE ⑰	INT
9	TRIG LEVEL ⑰	중앙
10	TIME/DIV ⑮	0.5ms/DIV
11	↔ POSITION ⑭	중앙

※ 주의1: 전원단자 ①와 CH1 모드선택 단자 ㉞를 제외한 모든 단자는 누르지 않은 상태이어야 한다.
※ 주의2: 수직축 VARIABLE 단자 ㉖, ㉜와 수평축 VARIABLE 단자 ⑫는 모두 시계방향 끝까지 돌려놓는다.

이상의 설정이 끝났으면 전원스위치를 ON으로 하고 약 15초 지난 다음 INTENSITY 단자를 시계방향으로 돌리면 휘선이 나타난다. 관측을 시작할 경우에는 FOCUS 단자를 돌려 휘선이 가장 선명하게 되도록 조절한다. 전원을 켜 놓은 상태에서 사용하지 않을 때에는 INTENSITY 단자를 반드시 반시계 방향으로 돌려 휘도를 낮추어야 한다.

CH1 POSITION에 의해 휘선을 화면중앙의 수평눈금에 맞춘다. 이때 휘선이 자기등의 영향으로 눈금에 대하여 약간 기울어진 경우가 있다. 이 경우는 전면 TRACE ROTATION을 조정하여, 휘선을 수평이 되도록 한다.

[일반적인 경우 설정 방법]

1) 1개의 파형을 관측할 경우

2개의 파형을 동시에 관측할 때나 X-Y 동작 이외일 경우 CH1 또는 CH2를 사용한다. CH1을 사용할 때의 설정은 다음과 같이 한다.

[표 14.2]

수직축의 MODE 스위치	CH1
TRIG MODE 스위치	AUTO
SOURCE 스위치	INT

이렇게 설정하면 CH1에 가해진 25Hz 정도 이상의 반복 신호는 TRIG LEVEL의 조정으로 측정할 수 있다. 수평축 MODE가 AUTO 위치에 있으므로 신호가 없을 때나 AC-GND-DC 스위치가 GND 일지라도 휘선이 나타나므로 직류전압의 측정도 할 수 있다.

25Hz 정도 이하의 저주파신호를 관측할 때는 다음과 같이 설정한다.

[표 14.3]

TRIG MODE 스위치	NORM

이 설정에서 TRIG LEVEL 손잡이를 조작하면 동기를 잡을 수 있다. CH2만을 사용할 때에는

[표 14.4]

수직축의 MODE 스위치	CH2
TRIG SOURCE 스위치	CH2

로 사용한다.

2) 2개의 파형을 관측할 경우

수직축 MODE 스위치를 DUAL로 설정하면 쉽게 관측할 수 있으며 TIME/DIV 단자를 가변하면 자동적으로 ALT, CHOP으로 설정된다. 위상차를 측정할 경우에는 위상이 앞선 신호로 동기를 걸어 측정한다.

4. 오실로스코프의 측정방법

우선 최초로 다음 조작을 한다.

- 휘도와 FOCUS를 최적 위치에 놓고 읽기 쉽도록 한다.
- 파형은 되도록 크게 표시하며 시각의 오차를 적게 한다.

1) 직류 전압의 측정

AC-GND-DC 스위치를 GND로 하여 0 전위를 화면에 관측하기 쉬운 가운데 위치로 놓는다. 이 0 전위가 화면 중앙일 필요는 없다. VOLTS/DIV를 적당히 설정한 후에 AC-GND-DC 스위치를 DC로 놓는다.

파형이 보이지 않거나 움직이지 않으면 VOLTS/DIV를 다시 조절해 본다. 이때 직류 전압 크기 만큼 휘선이 이동하므로 화면상의 이동 폭과 VOLTS/DIV의 지시치를 확인하면 신호의 직류 전압을 얻을 수 있다.

[그림 14.6]의 경우, 오실로스코프의 VOLTS/DIV가 0.2V라 하면 0.2 VOLTS/DIV×3칸=직류 0.6V가 된다.

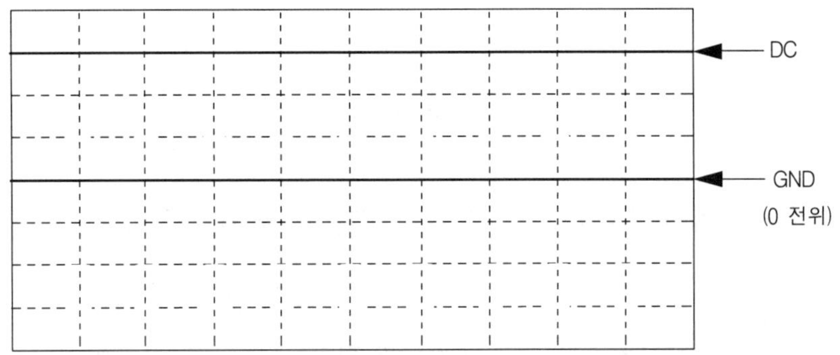

[그림 14.6] 직류 전압의 측정(VOLTS/DIV가 0.2V일 때)

2) 교류 전압의 측정

직류 전압의 측정과 동일하다. 0 전위를 화면에 관측하기 쉬운 위치에 임의로 위치시킨다. [그림 14.7]에서 오실로스코프의 VOLTS/DIV이 50mV라 하면 50mVOLTS/DIV×4칸=200mV$_{P-P}$가 된다. 또는 진폭 100mV라고도 한다.

즉, 진폭 2배가 peak to peak(V$_{P-P}$)이다. 참고로 높은 직류 전압에 중첩한 작은 진폭의 교류 신호를 확대하여 관측할 경우, AC-GND-DC 스위치를 AC에 놓으면 직류 전류는 통과할 수 없고 교류만 보여 주므로 감도를 올려 관측할 수 있다.

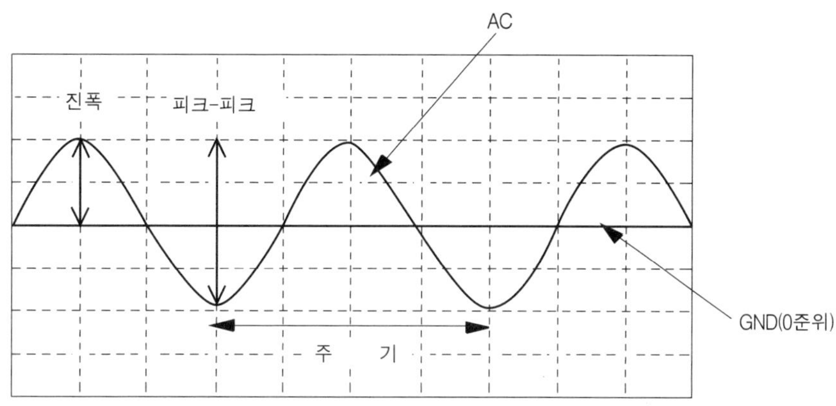

[그림 14.7] 교류 전압의 측정(VOLTS/DIV가 50mV일 때)

3) 주기와 주파수의 측정

교류파형의 주기는 [그림 14.7]과 같이 수평축으로 4DIV이다. 현재 오실로스코프의 TIME/DIV이 1ms라고 가정하면 T=1ms/DIV×4칸 4ms가 된다.

따라서 주파수 f=1/(4ms)=250Hz가 된다. 단, ×10MAG 또는 ×5MAG를 사용할 때는 파형이 확대되어 있으므로 TIME/DIV을 1/10 또는 1/5fh 환산해야 한다.

Ⅲ. 실험기기 및 부품

실험기기	직류전원공급기, 오실로스코프, 함수발생기, 멀티테스터
부품	4.7[kΩ], 10[kΩ], 15[kΩ], 1[MΩ] 각 1개씩

Ⅳ. 실험방법

1. 오실로스코프의 초기 작동 절차를 실행한다.

2. [그림 14.8]과 같이 직류 전압 10V를 회로에 인가하고 오실로스코프를 이용하여 A-B 단자의 전압을 측정하고 [표 14.5]에 기록한다. 멀티테스터의 스위치를 DC로 놓고 같은 단자를 측정한 후 [표 14.5]에 기록한 후 비교하시오.

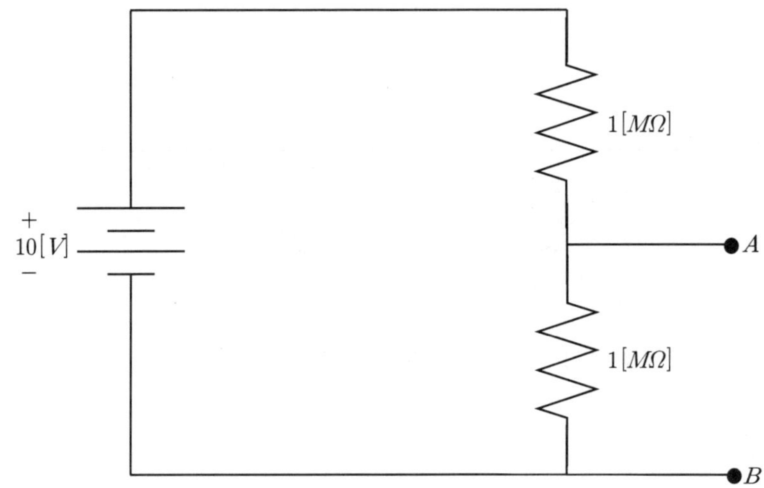

[그림 14.8] 직류 전압 측정

[표 14.5] 직류 전압 측정 1

측정단자	이론값[V]	측정값[V]	
		오실로스코프	멀티테스터(DC)
A-B			

3. [그림 14.9]의 A-D 단자 간에 6V 직류 전원을 연결하고 각 측정 단자 A-D, B-D, C-D 단자 간의 전압을 오실로스코프 및 멀티테스터로 측정한 후 [표 14.6]에 기록하시오. C-GND-DC 스위치는 DC에 놓고, 멀티테스터도 DC로 놓는다.

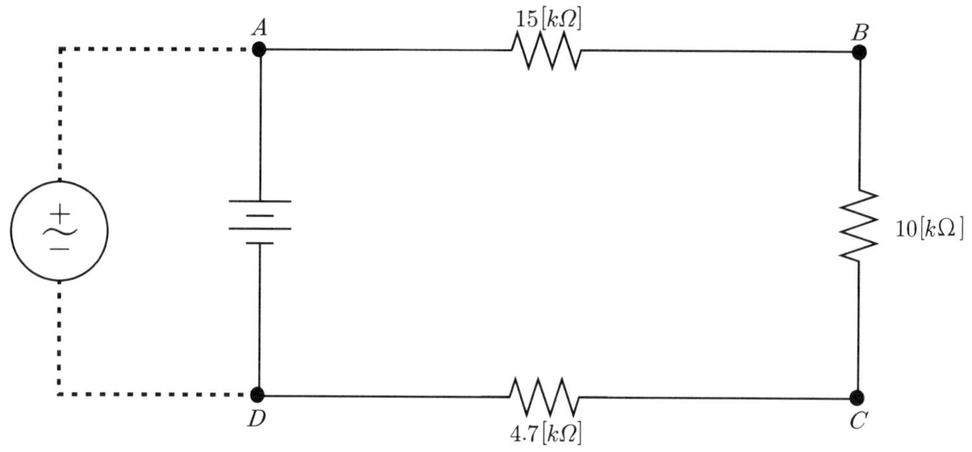

[그림 14.9] 전압 측정

[표 14.6] 직류 전압의 측정 2

측정단자	이론값[V]	측정값[V]	
		오실로스코프	멀티미터(DC)
A-D			
B-D			
C-D			

4. 함수발생기를 사용하여 [그림 14.9]의 A-D 단자 간에 Vm(정현파의 진폭)=6[V], 주파수 f=1[kHz]인 정현파를 입력시키고 [표 14.7]에 각 측정 단자 A-D, B-D, C-D 단자간의 전압을 측정한 후 기록한다. 또 이를 멀티미터로 측정한 후 기록한다. 단, 오실로스코프의 AC-GND-DC 스위치는 DC에 놓고, 멀티미터는 AC에 놓는다. 멀티미터는 실효값이 측정되므로 측정한 값에 $\sqrt{2}$를 곱한 값이 진폭이다.

[표 14.7] 교류 전압의 측정

측정단자	이론값[V]	측정값[V]	
		오실로스코프× $\sqrt{2}$	멀티미터(AC)
A-D			
B-D			
C-D			

5. Vm=100[mV], 1[kHz]인 정현파를 오실로스코프의 수직 입력단자에 직접 연결하고 TIME/DIV 단자를 조정하여 완전한 1주기의 신호가 화면상에 나타나도록 한다. 그리고 함수발생기의 DC offset 단자를 조정하여 화면상에 변화가 있는지 관찰한다. 변화가 없으면 오실로스코프의 AC-GND-DC 스위치를 DC에 놓고 DC offset 단자를 조정한다. 교류신호에 DC 1V가 실리도록 DC offset을 조절하고 [표 14.8]에 그림을 그린다. AC-GND-DC 스위치를 AC로 바꾸면 화면상의 파형이 어떻게 변하는지 관찰하고 [표 14.8]에 그린다.

[표 14.8] 직류+교류 파형의 측정

AC-GND-DC 스위치를 DC에 놓았을 때	AC-GND-DC 스위치를 AC에 놓았을 때

6. 정현파의 진폭이 2V, 주파수는 100Hz, 1kHz, 5kHz, 10kHz, 20kHz로 변화시키면서 화면에 2~3주기의 신호가 보이도록 TIME/DIV 단자를 조정한다. 1주기의 시간 T를 측정하여 [표 14.9]에 기록하시오(주파수 f=1/T).

[표 14.9] 주기와 주파수의 측정

발진 주파수	계산된 주기 T_s	측정 주기 T_s	측정 주파수 f
200Hz			
1kHz			
5kHz			
10kHz			
100kHz			

7. 실험 6)에서 오실로스코프 ↔의 위치조절단자를 조정하여 화면상에 파형의 왼쪽 첫 부분이 보이도록 조정한다. 트리거 레벨 단자를 조정하면 파형이 어떻게 바뀌는지 관찰한다. 또 SLOPE를 (+)에서 (-)로 바꾸고 트리거 레벨을 조정하면 어떻게 되는지 관찰하시오.

실험 15 오실로스코프2

Ⅰ. 실험 목적

오실로스코프의 X-Y 모드를 이용하여 교류 정현파의 주파수 비를 측정하거나 두 신호의 위상차를 측정할 수 있는 리사주파형에 대해 이해한다.

Ⅱ. 이 론

오실로스코프로 미지의 신호의 주파수를 측정하고자 할 때 오실로스코프의 수평축 조정단자에 있는 X-Y 모드를 이용한다. X-Y 모드를 실행하면 ch1은 수평축 신호가 되고 CH2는 수직축 신호가 되어, 두 채널에 인가한 신호의 합성파형이 [그림 15.1]과 같이 화면에 나타난다. 그림과 같이 두 신호의 합성으로 이루어지는 파형을 리사주(Lissajous) 파형이라 한다.

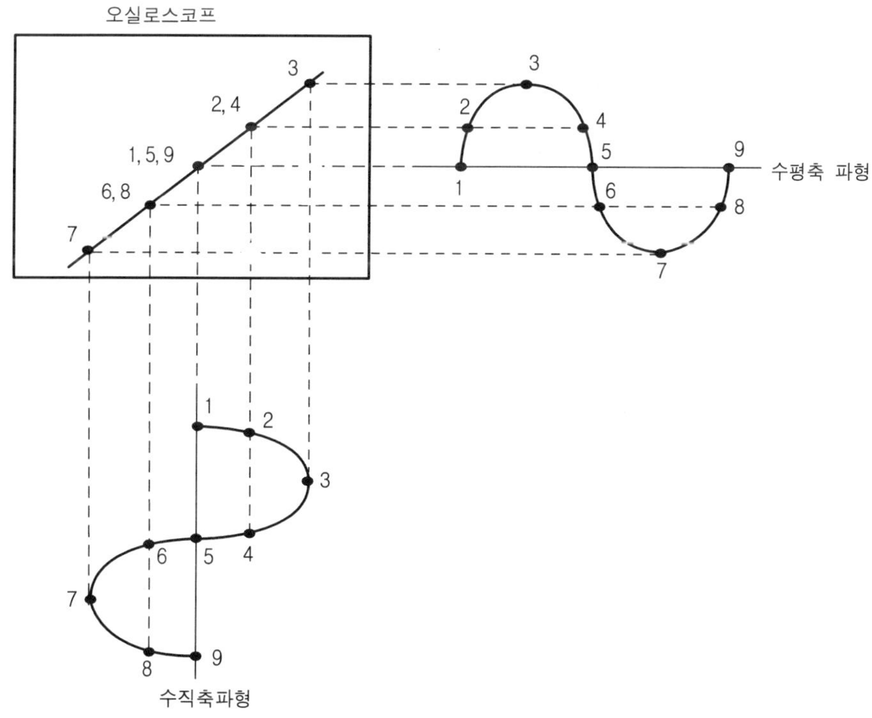

[그림 15.1] 주파수와 위상이 같은 두 신호의 합성

또한, 주파수가 같은 두 신호의 위상이 다르면 [그림 15.2]와 같은 타원형 또는 원형의 리사주 파형이 되며 이로부터 위상차를 측정할 수 있다.

즉, Y축의 최대값 Y_m과 Y축과의 교점 Y_o를 측정하여 다음 식에 따라 위상차 θ를 구할 수 있다. 즉,

$$\sin\theta = \frac{Y_o}{Y_m} \tag{15.1}$$

따라서,

$$\theta = \sin^{-1}(\frac{Y_o}{Y_m}) \tag{15.2}$$

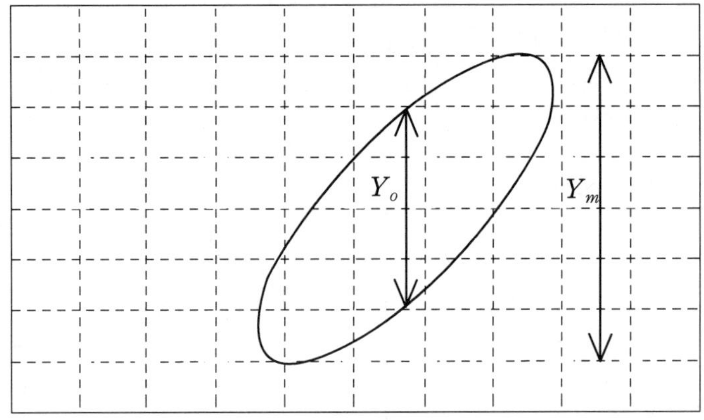

[그림 15.2] 리사주 파형에 의한 위상각 측정

X-Y 모드 선택 단자를 다시 누르면(off) [그림 15.3]과 같은 파형을 얻게 된다.

두 신호의 한 주기 X_t 내에서 두 파형의 X축과의 교점의 차를 X_θ라 하면 리사주 파형에 의한 결과처럼 두 파형의 위상차를 구할 수 있다.

$$\theta = 360^\circ(\frac{X_\theta}{X_t}) \tag{15.3}$$

[그림 15.4]는 주파수가 같고 위상차가 다른 두 신호의 리사주 파형을 보여 주고 있다.

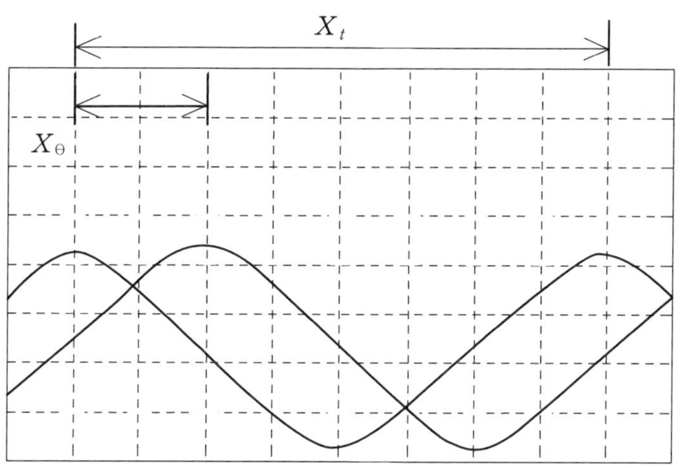

[그림 15.3] 일반적인 위상각 측정

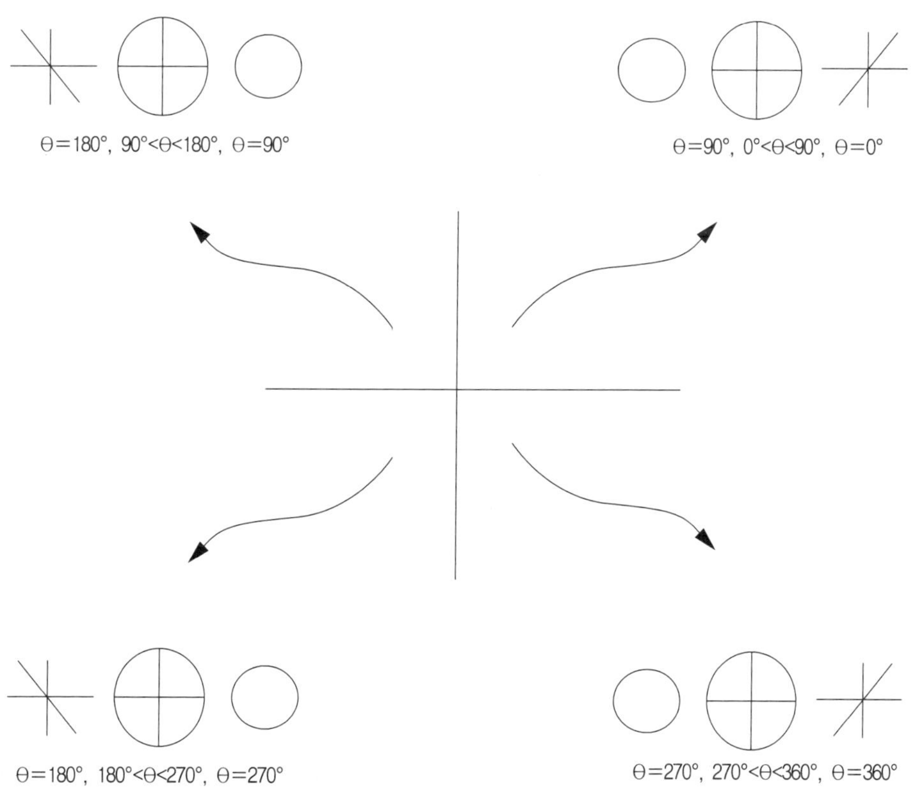

[그림 15.4] 위상차에 따른 리사주 파형

표준발진 주파수 f_h를 수평축(CH1)에 주파수가 f_v인 측정 주파수를 수직축(CH2)에 연결하고, 이때 얻어지는 리사주 파형으로부터 두 신호 주파수의 비를 관찰하여 미지의 주파수를 측정할 수 있다. CH1과 CH2에 가해지는 신호의 주파수비와 위상에 따라 [그림 15.5]와 같은 여러 리사주 파형을 관찰할 수 있다. 그림에서 복잡한 주파수의 비는 눈금의 수를 계산함으로서 결정된다. 즉, T_h를 수평축에 접하는 수, T_v를 수직축에 접하는 수라 하면 다음 식이 성립된다.

$$\frac{f_v}{f_h} = \frac{T_h}{T_v} \tag{15.4}$$

따라서,

$$f_v = f_h \times \left(\frac{T_h}{T_v}\right) \tag{15.5}$$

0°	45°	90°	135°	180°	H : V
					1 : 1
					2 : 1
					3 : 1

[그림 15.5] 여러 가지 리사주 파형

【예제】

오실로스코프로 관찰된 리사주 파형이 아래 그림과 같을 때 수직축으로 인가된 미지의 주파수는 얼마인가?(단, 수평 주파수는 100[Hz]이다.)

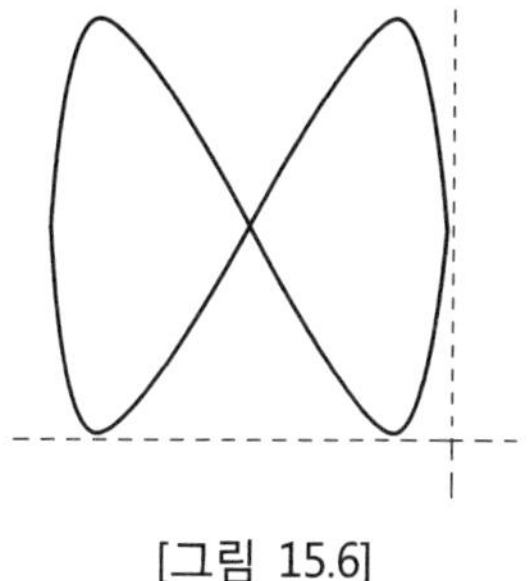

[그림 15.6]

풀이

$T_h = 2,\ T_v = 1$이고 $f_h = 100[Hz]$이므로 $f_v = f_h \times (\frac{T_h}{T_v}) = 100 \times (\frac{2}{1}) = 200[Hz]$가 된다.

Ⅲ. 실험기기 및 부품

실험기기	오실로스코프, 함수발생기, 변압기(1차측 220V, 2차측 6.3V)
부품	가변저항기(1/2[W], 1[kΩ]), 커패시터(15[μF], 1[μF])

Ⅳ. 실험방법

1. [그림 15.7]과 같이 연결하고 오실로스코프를 측정하기 좋은 상태로 만든다.

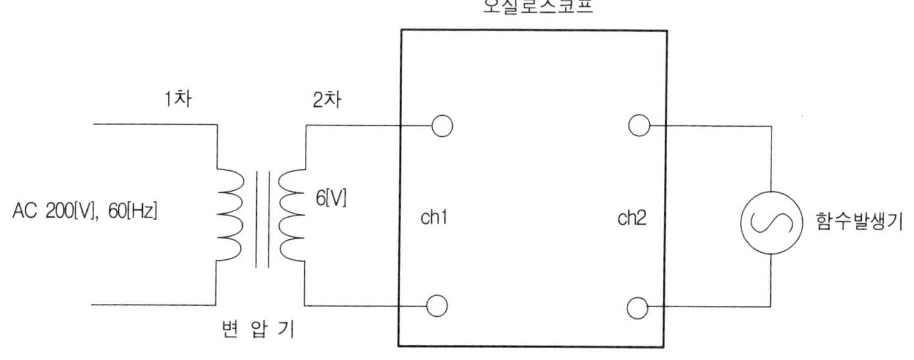

[그림 15.7] 리사주파형 측정

2. SWEEP 선택 단자를 X-Y 모두로 놓고(ON), 수직이득 조정기(CH2의 VOLTS/DIV)를 돌려 리사주 파형이 수직으로 최대 4 눈금이 되도록 하시오.

3. 수평이득 조정기(CH1의 VOLTS/DIV)를 조정하여 최대 6 눈금이 되도록 하시오.

4. 함수발생기의 주파수를 변화시켜 하나의 원, 타원 또는 직선이 되도록 하시오. [표 15.1]에 리사주 파형을 그리고 f_v를 계산하시오.

[표 15,1] 주파수비 측정

No.	리사주 파형	접선수		f_v	
		T_h	T_v	이론값	함수발생기
1		1	1		
2		?	?		
3		?	?		
4		?	?		
5		3	2		
6		3	4		

5. 함수발생기의 주파수를 변화시켜 T_h와 T_v를 [표 15.1]의 값을 갖게 조정하여 이때의 리사주 파형과 주파수를 계산하여 [표 15.1]을 완성하시오.

6. [그림 15.8]과 같이 연결하고 SWEEP 선택 단자를 X-Y 모드 ON([그림 15.2]) 및 OFF 상태([그림 15.3])에서 가변저항을 변화시키며 위상각을 측정하여 [표 15.2]에 기록하시오. 단, 이때의 발진기 주파수는 100Hz이고, 가변저항의 저항값을 측정할 때는 따로 떼어서 측정하시오.

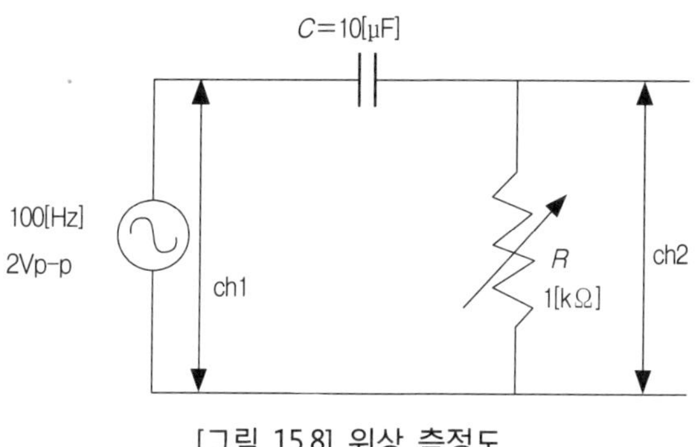

[그림 15.8] 위상 측정도

[표 15.2] 위상각 측정1

R	리사주 파형	측정값				이론값	
		X-Y 모드(ON)		X-Y 모드(OFF)		X-Y 모드(ON)	X-Y 모드(OFF)
		Y_o	Y_m	X_o	X_m		
100Ω							
200Ω							
500Ω							
$1k\Omega$							

7. [그림 15.8]의 회로에서 함수발생기의 주파수 f, R과 C를 임의의 값에 고정시키고 위상각을 측정하여 [표 15.3]에 기록하시오.

[표 15.3] 위상각 측정2

$f=($ $)[Hz]$, $R=($ $)[\Omega]$, $C=($ $)[\mu F]$		
주파수(f)	위상각(θ)	리사주 파형

실험 16 리액턴스

Ⅰ. 실험 목적

교류회로에서 리액턴스에 대해 정의하고, 용량성 리액턴스와 유도성 리액턴스에 대해 측정한 후 이를 실험적으로 이해한다.

Ⅱ. 이 론

1. 리액턴스(reactance)

교류전류는 직류전류와 달리 전류가 한 방향으로 흐르지 않고 일정한 위상을 가지며 전류의 양이나 방해하는 정도가 시시각각으로 변한다. 따라서, 교류회로에서는 저항 이외에 전류를 방해하는 성분인 리액턴스에 대해서도 고려해야 한다.

리액턴스에는 커패시터를 연결했을 때 발생하는 용량성 리액턴스(capacitive reactance)와 인덕터를 연결했을 때 발생하는 유도성 리액턴스(inductive reactance)가 있다.

또한, 리액턴스는 주파수 f에 영향을 받으므로 교류회로의 리액턴스 값을 구할 때 주파수 성분이 필수로 존재한다.

1) 용량성 리액턴스

[그림 16.1]은 커패시터에 교류전압 V_S를 인가한 간단한 교류회로이다. V_S의 진폭(크기)을 일정하게 유지하고 주파수를 변화시키면 교류전류 I_S의 크기는 증가 또는 감소한다.

즉, V_S의 주파수가 증가하면 I_S의 진폭은 증가하고, V_S의 주파수가 감소하면 I_S의 진폭은 감소한다.

이것은 커패시터가 주파수에 따라 전류의 흐름을 방해하는 정도가 변화하는 것을 의미하고 커패시터에 교류전압을 인가하였을 때 전류를 방해하는 정도를 용량성 리액턴스 X_C라 한다.

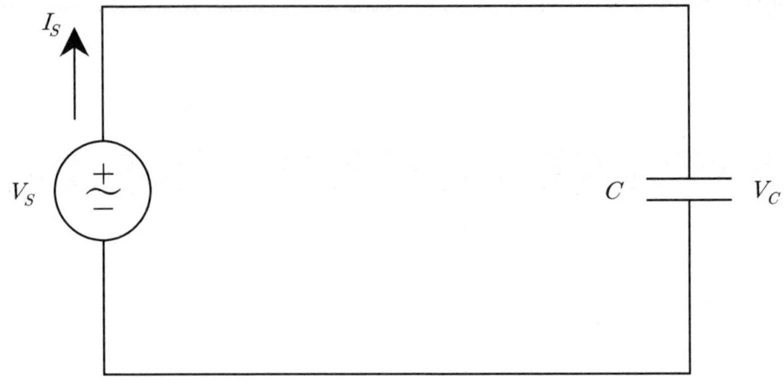

[그림 16.1] 커패시터 교류회로

커패시터의 용량성 리액턴스 X_C는

$$X_C = \frac{1}{2\pi f C}[\Omega] \tag{16.1}$$

이다.

여기서 f와 C는 각각 주파수와 정전용량(capacitance)이다.

예로서 60[Hz]의 주파수와 2.65[μF]인 정전용량의 용량성 리액턴스 X_C는

$$X_C = \frac{1}{2\pi f C} = \frac{1}{2\pi \times 60 \times 2.65 \times 10^{-6}} = 1[k\Omega] \tag{16.2}$$

와 같다.

옴의 법칙은 교류회로에서도 적용된다.

[그림 16.1]에서 커패시터 양단에 걸리는 전압 V_C는 이 회로에 흐르는 전류 I_S와 용량성 리액턴스인 X_C로부터

$$V_C = I_S X_C \tag{16.3}$$

와 같이 표현된다.

또한 이 회로에서 전압과 전류의 위상관계는 [그림 16.2]에서 알 수 있듯이 주파수는 동일하지만 전류 I_S가 전압 V_C보다 1/4 주기(즉, 위상이 90°) 만큼 앞서고 있다.

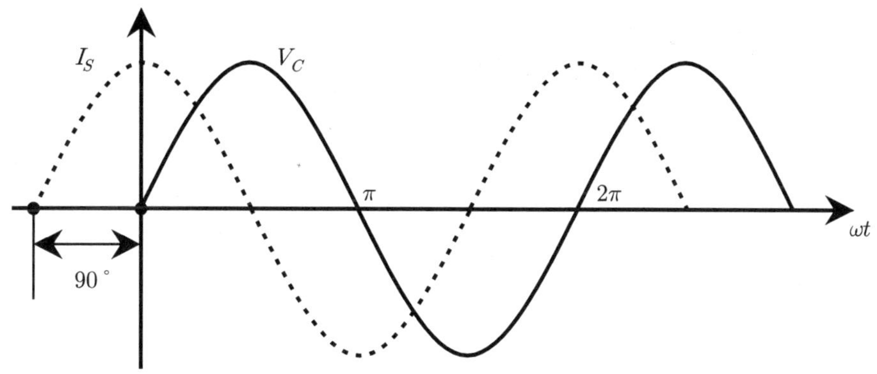

[그림 16.2] 전압 V_C와 전류 I_s의 위상 관계

[그림 16.3]과 같은 RC 직렬교류회로에서 저항과 커패시터에 흐르는 전류는 전체 전류의 크기 I_S와 동일하다.

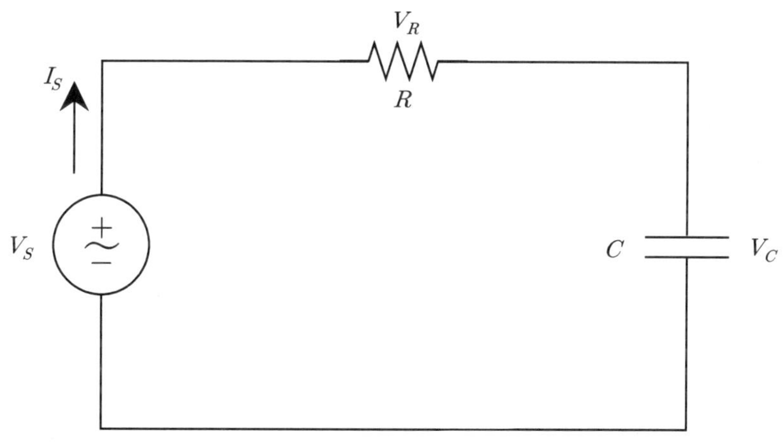

[그림 16.3] RC 직렬교류회로

즉,

$$I_S = I_R = I_C \tag{16.4}$$

이다. 여기서,

$$I_S = \frac{V_S}{(R + X_C)}$$

$$I_R = \frac{V_R}{R}$$

$$I_C = \frac{V_C}{X_C} \tag{16.5}$$

이고, 용량성 리액턴스 X_C는 저항 전압 V_R과 커패시터 전압 V_C를 측정하고 다음 식을 이용하여 구할 수 있다.

$$X_C = \frac{V_C}{I_C} = \frac{V_C}{I_R} = (\frac{V_C}{V_R})R \tag{16.6}$$

2) 유도성 리액턴스

[그림 16.4]은 인덕터에 교류전압 V_S를 인가한 간단한 교류회로이다. V_S의 진폭(크기)을 일정하게 유지하고 주파수를 변화시키면 교류전류 I_S의 크기는 증가 또는 감소한다.

즉, V_S의 주파수가 증가하면 I_S의 진폭은 감소하고, V_S의 주파수가 감소하면 I_S의 진폭은 증가한다.

이 역시 커패시터의 경우와 마찬가지로 주파수에 따라 전류의 흐름을 방해하는 정도가 변화하는 것을 의미하고 인덕터에 교류전압을 인가하였을 때 전류를 방해하는 정도를 유도성 리액턴스 X_L이라 한다.

[그림 16.4] 인덕터 교류회로

인덕터의 유도성 리액턴스 X_L은

$$X_L = 2\pi f L[\Omega] \qquad (16.7)$$

이다.

여기서 f와 L은 각각 주파수와 인덕턴스(inductance)이다.

예로서 60Hz의 주파수와 100mH인 인덕턴스의 유도성 리액턴스 X_L은

$$X_L = 2\pi f L = 2\pi \times 60 \times 100 \times 10^{-3} = 37.7[\Omega] \qquad (16.8)$$

이다.

[그림 16.4]에서 인덕터 양단에 걸리는 전압 V_L은 이 회로에 흐르는 전류 I_S와 유도성 리액턴스인 X_L로부터

$$V_L = I_S X_L \qquad (16.9)$$

와 같이 표현된다.

전압 V_L과 전류 I_S의 위상관계는 [그림 16.5]에서 알 수 있듯이 주파수는 동일하지만 전류 I_S는 전압 V_L보다 1/4 주기(즉, 위상이 90°) 만큼 뒤진다.

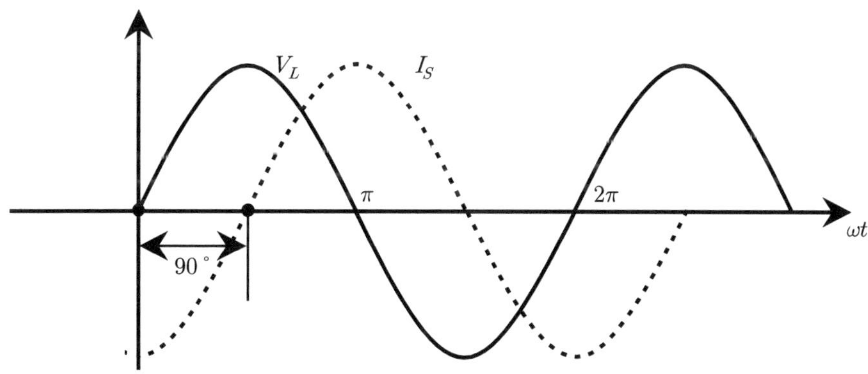

[그림 16.5] 전압 V_L과 전류 I_s의 위상 관계

[그림 16.6]과 같은 RL 직렬교류회로에서 전체 전류 I_S는 저항과 인덕터에도 같은 크기의 전류가 흐르므로

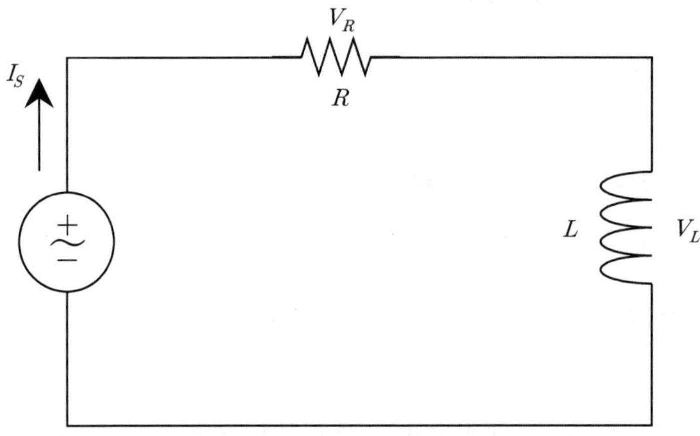

[그림 16.6] RL 직렬교류회로

$$I_S = I_R = I_L \tag{16.10}$$

이다. 여기서,

$$I_S = \frac{V_S}{(R+X_L)}$$

$$I_R = \frac{V_R}{R}$$

$$I_L = \frac{V_L}{X_L} \tag{16.11}$$

이고, 유도성 리액턴스 X_L은 저항 전압 V_R과 인덕터 전압 V_L을 측정하고 다음 식을 이용하여 구할 수 있다.

$$X_L = \frac{V_L}{I_L} = \frac{V_L}{I_R} = (\frac{V_L}{V_R})R \tag{16.12}$$

【예제 16.1】

실효값이 110[V], 주파수가 60[Hz], 위상이 0°인 전압의 순시값은 다음과 같다.

$$v = 110\sqrt{2}\, sin(377t)[V]$$

132.63[μF]인 커패시터에 흐르는 전류의 순시값을 구하시오.

풀 이

커패시터에 대한 용량성리액턴스를 구하면

$$X_C = \frac{1}{2\pi \times 60[Hz] \times 132.63 \times 10^{-6}[F]} = 20[\Omega]$$

그러므로

$$I = \frac{V}{X_L} = \frac{110[V]}{20[\Omega]} = 5.5[A]$$

전류가 전압 보다 위상이 90° 앞서야 하므로 전류의 순시값은

$$i = 5.5\sqrt{2}\, sin(377t + \frac{\pi}{2})[A]$$

【예제 16.2】

다음 회로에 대해 주파수가 f=5[kHz]인 전류가 흐를 때 커패시터가 C=47[nF]의 용량성 리액턴스 X_C를 구하시오. 또한, 용량성 리액턴스가 1.27[kΩ]일 때 이 회로에 인가되는 전류의 주파수는 얼마인가?

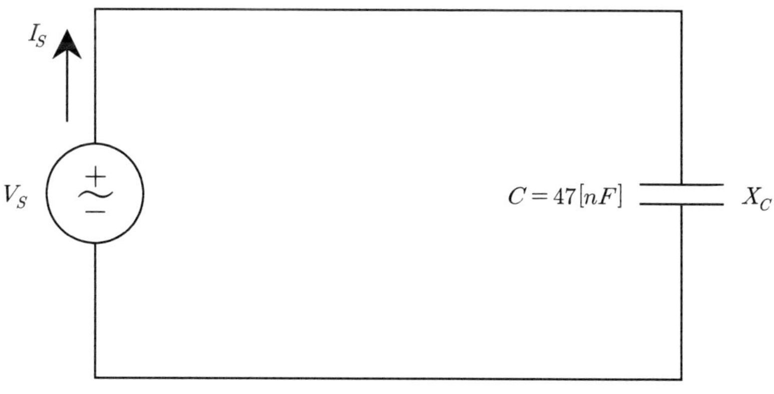

[그림 예제 16.2]

풀이

용량성리액턴스 X_C는

$$X_C = \frac{1}{2\pi f C} = \frac{1}{2\pi \times (5 \times 10^3) \times (47 \times 10^{(-9)})} = 634[\Omega]$$

용량성 리액턴스 X_C가 1.27[kΩ]일 때 주파수는

$$f = \frac{1}{2\pi C X_C} = \frac{1}{2\pi \times (47 \times 10^{-9}) \times (1.27 \times 10^3)} = 2.5[kHz]$$

【예제 16.3】

저항 R=8.66[Ω]과 인덕터 L=13.26[mH]가 직렬 연결된 회로에 전류 $i = 10\sqrt{2}\, sin(377t)$ $[A]$ 가 흐른다. 각 소자에 걸리는 전압과 전체 전압은 각각 몇 [V]인가?

풀이

저항에 걸리는 전압은 전류와 동상이므로

$$v = Ri = 86.6\sqrt{2}\, sin(377t)[V]$$

인덕터의 유도성리액턴스는

$$X_L = \omega L = 2\pi f L = 5[\Omega]$$

따라서

$$V_L = X_L I = 50[V]$$

이고 인덕턴스에서는 전압이 전류보다 90° 빠르므로

$$v_L = 50\sqrt{2}\, sin(377t + 90^\circ)[V]$$

또한, RL직렬회로에서 임피던스 Z와 전압의 실효치는

$$Z = \sqrt{R^2 + (\omega L)^2} = 10[\Omega]$$

Ⅲ. 실험기기 및 부품

실험기기	직류전원공급기, 멀티미터, 브레드보드, 스위치(1개), 초시계, 리드선
부품	1[kΩ], 0.1[μF], 100[mH] 각 1개씩

Ⅳ. 실험방법

1. [그림 16.7]과 같이 RC 직렬교류회로를 구성하고 함수발생기와 오실로스코프를 이용하여 정현파 교류신호 V_{P-P}=1.0[V], f=1[kHz]를 인가시키시오. 실험에서 측정되는 모든 전압과 전류의 신호 크기는 피크-대-피크(peak-to-peak) 값으로 측정한다.

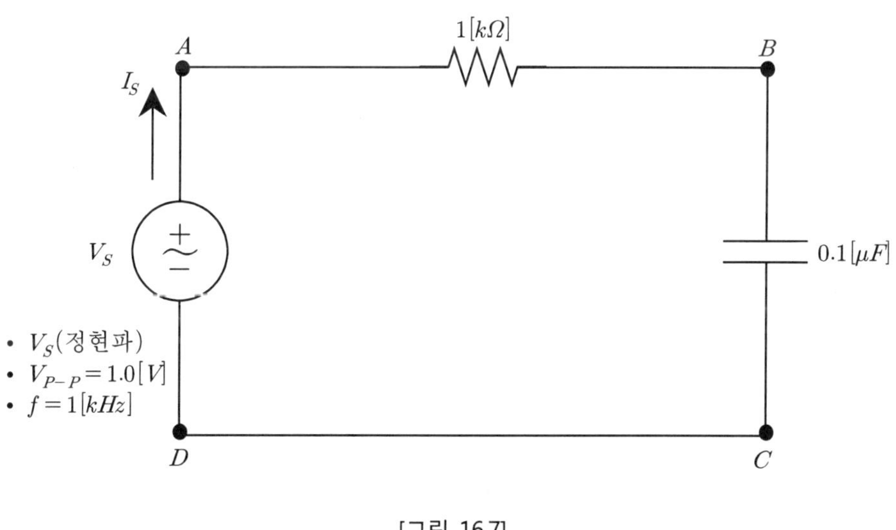

[그림 16.7]

2. 저항 양단의 전압 V_R을 측정하고 식 (16.4)과 식 (16.5)로부터 전류 I_S를 계산한 후 [표 16.1]에 기록하시오.

3. 커패시터 양단의 전압 V_C를 측정하고 식 (16.6)과 실험 2)를 통해 얻은 전류값으로부터 용량성 리액턴스 $X_C=V_C/I_S$를 계산하고 식 (16.1)의 이론값과 비교한 후 [표 16.1]에 기록하시오.

4. [그림 16.7] 회로에서 단자 A-D를 오실로스코프의 CH1에 프로브를 이용하여 연결하고 마찬가지로 단자 B-C를 오실로스코프의 CH2에 연결하시오.

5. 오실로스코프 X-Y 모드를 설정하고 화면에 나타난 리사쥬 도형으로부터 위상각(θ)을 계산하시오.

6. 입력신호의 주파수를 1[kHz]에서 5[kHz]까지 변화시키면서 실험 2)에서 실험 3)을 반복한 후 그 결과를 [표 16.1]에 기록하시오.

[표 16.1]

V_S의 주파수 f	V_R	$I_S(=I_R=I_C)$	V_C	용량성 리액턴스 X_C	
				$\frac{V_C}{I_S}$	$\frac{1}{2\pi fC}$
1[kHz]					
2[kHz]					
3[kHz]					
4[kHz]					
5[kHz]					

7. [표 16.1]의 결과로부터 입력신호의 주파수 f와 용량성 리액턴스 X_C와의 관계를 설명하시오.

8. [그림 16.8]과 같이 RL 직렬교류회로를 구성하고 함수발생기와 오실로스코프를 이용하여 정현파 교류신호 V_{P-P}=1.0[V], f=1[kHz]를 인가시키시오. 실험에서 측정되는 모든 전압과 전류의 신호 크기는 피크-대-피크(peak-to-peak) 값으로 측정한다.

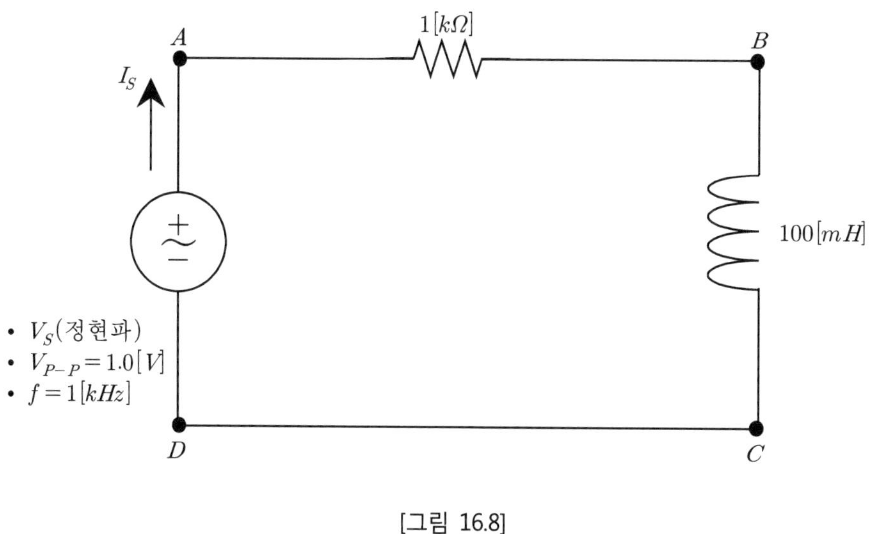

[그림 16.8]

9. 저항 양단의 전압 V_R을 측정하고 식 (16.10)과 식 (16.11)로부터 전류 I_S를 계산한 후 [표 16.2]에 기록하시오.

10. 인덕터 양단의 전압 V_L을 측정하고 식 (16.12)와 실험 8)을 통해 얻은 전류값으로부터 유도성 리액턴스 $X_L=V_L/I_S$를 계산하고 식 (16.7)의 이론값과 비교한 후 [표 16.2]에 기록하시오.

11. [그림 16.8] 회로에서 단자 A-D를 오실로스코프의 CH1에 프로브를 이용하여 연결하고 마찬가지로 단자 B-C를 오실로스코프의 CH2에 연결하시오.

12. 오실로스코프 X-Y 모드를 설정하고 화면에 나타난 리사쥬 도형으로부터 위상각(θ)을 계산하시오.

13. 입력신호의 주파수를 1[kHz]에서 5[kHz]까지 변화시키면서 실험 9)에서 실험 10)을 반복한 후 그 결과를 [표 16.2]에 기록하시오.

[표 16.2]

V_S의 주파수 f	V_R	$I_S(=I_R=I_L)$	V_L	유도성 리액턴스 X_L	
				$\frac{V_L}{I_S}$	$2\pi f L$
1[kHz]					
2[kHz]					
3[kHz]					
4[kHz]					
5[kHz]					

14. [표 16.2]의 결과로부터 입력신호의 주파수 f와 유도성 리액턴스 X_L과의 관계를 설명하시오.

실험 17 RC 시정수

I. 실험 목적

직류전원이 인가된 RC직렬회로에서 커패시터가 충전 또는 방전될 때 시정수를 측정하는 방법에 대해 이해한다.

II. 이 론

RC 시정수(time constant)

[그림 17.1]과 같이 직류전압이 공급되는 RC직렬회로에서 스위치가 A에 위치하면 충전전류가 흐르기 시작하여 커패시터의 위판에는 (+) 전하가 아래 판에는 (-) 전하가 이동하여 분리 축적하게 된다. 이때 전하의 이동은 한 순간에 이루어질 수 없으므로 완전히 충전될 때까지는 어느 정도 시간이 소요된다. 축전된 전하량에 비례하는 커패시터의 전압 $V_C(t)$는 지수함수적으로 증가하여 충분한 시간이 경과된 후 전원전압원인 V_S에 근접한다. 커패시터가 충분히 충전된 다음 스위치가 B에 위치하면 커패시터에 충전된 전하는 저항을 통하여 방전하게 된다. 방전 시 커패시터의 전압 $V_C(t)$ 역시 지수함수적으로 감소한다.

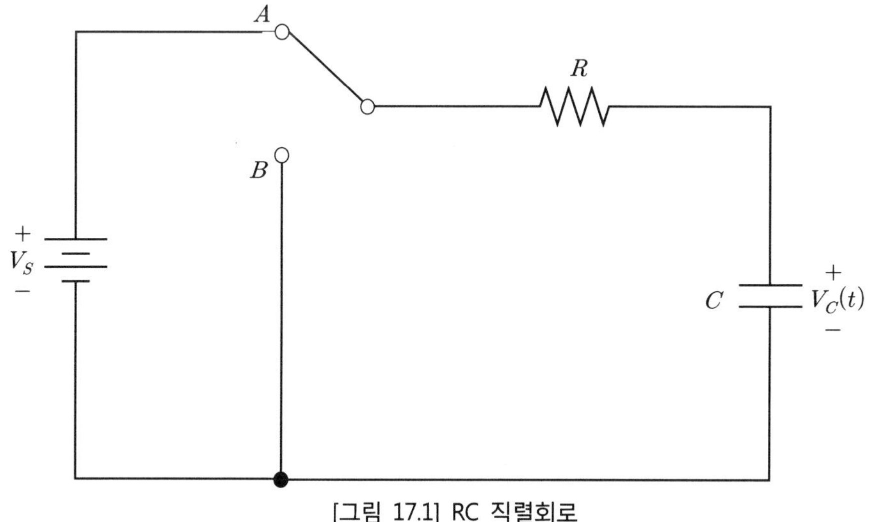

[그림 17.1] RC 직렬회로

커패시터가 저항을 통해 충전 또는 방전되는 율은 RC 시정수에 의해 결정된다. RC 시정수란 회로에 직류전원을 인가했을 때 [그림 17.2]와 같이 커패시터의 충전전압 $V_C(t)$가 전원전압원의 63.2%까지 충전되는데 소요되는 시간을 말하고, 충전되어 있던 커패시터를 방전시켰을 때 최초의 충전전압의 36.8%까지 방전되는데 소요되는 시간을 말한다.

RC직렬회로의 시정수 τ는 다음과 같이 저항과 커패시터의 곱으로 계산한다.

$$\tau = RC \tag{17.1}$$

여기서, 시정수 τ의 단위는 s(second)이다.

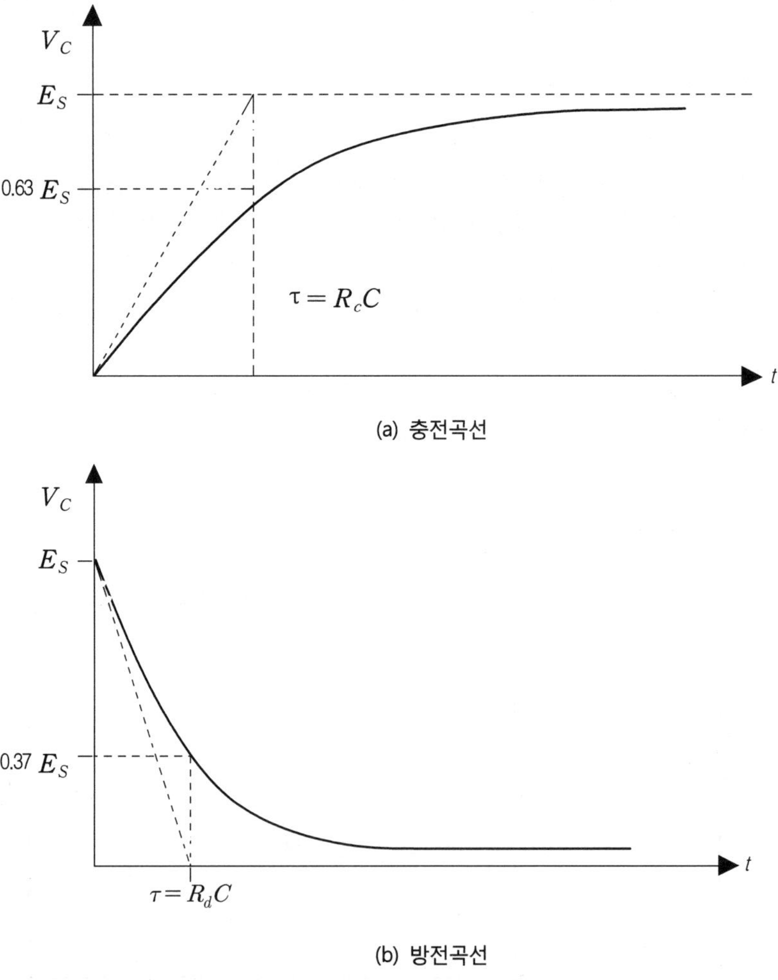

[그림 17.2] RC 시정수 곡선

[그림 17.1]에서 스위치를 A로 하여 초기전압 0으로부터 커패시터를 충전시킬 때 커패시터 전압 $V_C[t]$는

$$V_C(t) = V_S(1-e^{-t/RC}) = V_S(1-e^{-t/\tau}) \qquad (17.2)$$

로 주어진다.

여기서, V_S는 커패시터의 최종 충전전압을 나타낸다.

스위치가 다시 B로 위치하면 커패시터는 방전을 시작하고, 커패시터 전압은 초기전압 V_S에서 시간에 따라 지수함수적으로 감소하게 된다.

이를 식으로 표현하면 다음과 같다.

$$V_C(t) = V_S e^{-t/RC} = V_S e^{-t/\tau} \qquad (17.3)$$

시정수가 짧을수록 커패시터는 더욱 빨리 충전되거나 방전된다.

이것은 같은 전압으로 충전과 방전하는데 걸리는 시간이 짧다는 것을 의미하며, 이와 반대로 시정수가 더 길다는 것은 커패시터의 충전과 방전이 더 늦게 된다는 것을 의미한다.

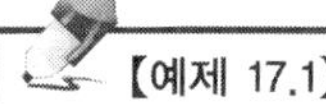

【예제 17.1】

[그림 17.1]과 같은 RC 직렬 연결된 회로에서 스위치가 A로 연결되기 전 커패시터 C의 충전전하는 0이다. R=2.2[kΩ], C=0.047[μF]일 때 시정수 τ는 얼마인가?

풀이

$$\tau = RC = 2.2[k\Omega] \times 0.0047[\mu F] = 10.3[\mu s]$$

【예제 17.2】

RC 직렬 연결된 회로에서 커패시터의 초기전압은 0[V]이다. 스위치를 ON시켜 전압원 30[V]를 인가한 후 t=500[μs]일 때의 충전전압 V_C와 t=τ일 때의 v_C를 각각 구하시오.

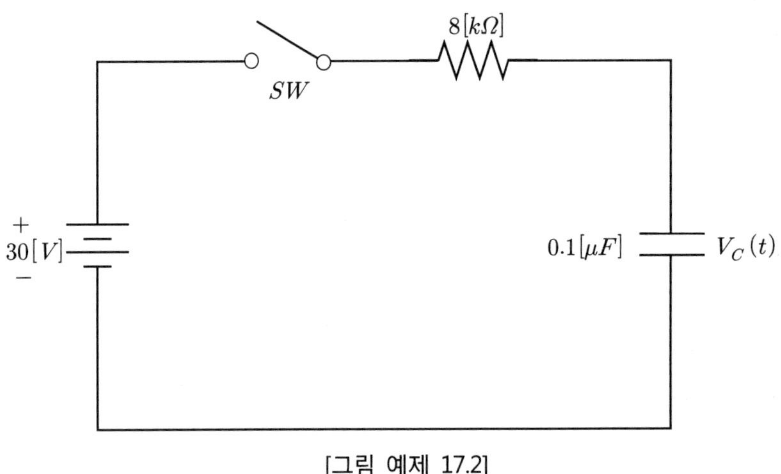

[그림 예제 17.2]

풀이

시정수 τ는 다음과 같고

$$\tau = RC = 8[k\Omega] \times 0.1[\mu F] = 0.8[ms]$$

식 (17.2)로부터 t=500[μs]일 때

$$V_C(t)|_{t=500[\mu s]} = V_S(1-e^{-t/\tau}) = 30(1-e^{-(500\times10^{-6})/(0.8\times10^{-3})}) = 14[V]$$

t=τ일 때

$$V_C(t)|_{t=\tau} = V_S(1-e^{-\tau/\tau}) = 30(1-e^{-1}) = 18.96[V]$$

【예제 17.3】

R과 C로 구성된 적분회로에서 커패시터가 완전 방전된 다음 입력의 첫 펄스신호가 다음과 같이 인가되었다. 충전시간 t=5[μs]와 방전시간 t=10[μs] 지점에서 이에 대응되는 출력신호의 크기 V_C를 각각 구하시오.

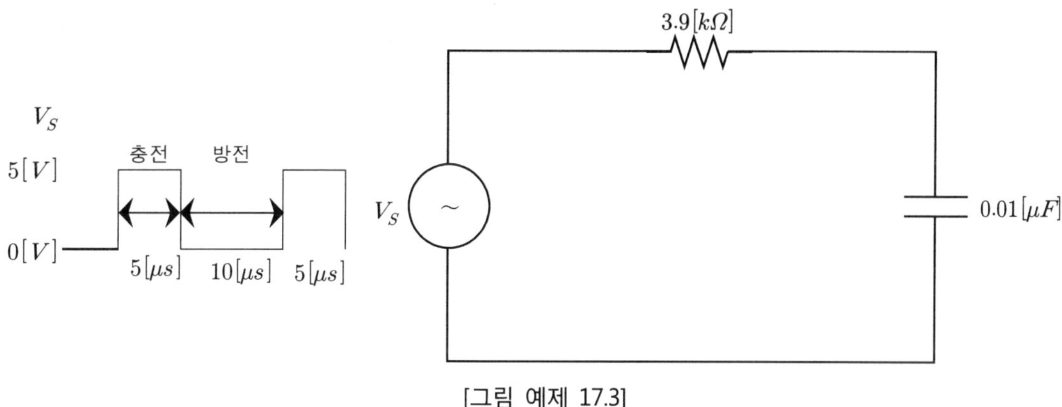

[그림 예제 17.3]

풀이

시정수 τ는

$$\tau = RC = 3.9[k\Omega] \times 0.01[\mu F] = 39[\mu s]$$

식 (17.2)로부터 입력신호의 크기가 5[V]이고 t=5[μs]의 충전 지점일 때

$$V_C(t)|_{t=5[\mu s]} = V_S(1-e^{-t/\tau}) = (5[V])(1-e^{-5[\mu s]/39[\mu s]}) = 0.6[V]$$

C가 방전을 시작하여 t=10[μs] 후의 방전 지점일 때 식 (17.3)으로부터

$$V_C(t)|_{t=10[\mu s]} = (V_S|_{t=5[\mu s]})e^{-t/RC} = (0.6[V])e^{-10[\mu s]/39[\mu s]} = 0.46[V]$$

Ⅲ. 실험기기 및 부품

실험기기	직류전원공급기, 멀티미터, 스위치(1개), 초시계, 브레드보드, 리드선
부품	100[kΩ], 1[MΩ], 10[μF], 220[μF] 각 1개씩

Ⅳ. 실험방법

1. [그림 17.3]과 같이 회로를 구성하고 스위치(SW)를 B로 위치시켜 커패시터의 전하를 완전히 방전시키시오.

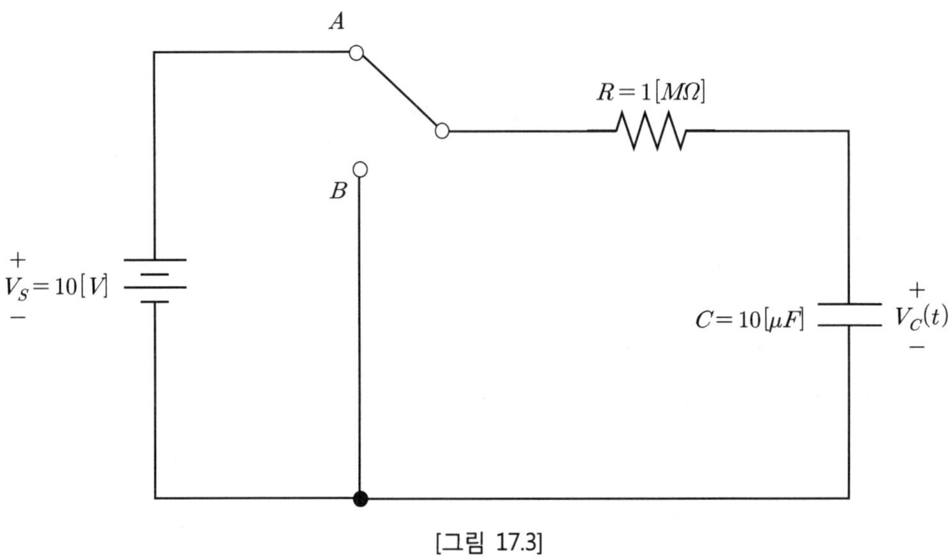

[그림 17.3]

2. 저항 R과 커패시터 C를 이용하여 시상수 τ를 계산하시오.

$\tau = RC = \qquad [s]$

3. 실험 2)에서 구한 시정수를 이용하여 [표 17.1]의 첫 번째 열에 해당하는 시간을 계산하시오.

[표 17.1] 시정수에 따른 커패시터 충전전압 $V_C[t]$

시정수	시간	커패시터 충전 전압 $V_C[t]$	
		측정값	이론값
0.5τ			
1τ			
1.5τ			
2τ			
3τ			
4τ			
5τ			
6τ			

4. [그림 17.3]의 회로에서 스위치를 A로 놓고 각 시간에 따른 커패시터의 충전전압 $V_C[t]$를 측정하고 그 결과를 [표 17.1]에 기록한 후 이론값과 비교하시오. 모든 측정은 스위치를 B로 위치시켜 커패시터를 완전 방전시킨 후 반복하시오.

5. 실험 2)에서 구한 시정수를 이용하여 [표 17.2]의 첫 번째 열에 해당하는 시간을 계산하시오.

[표 17.2] 시정수에 따른 커패시터 방전전압 $V_C[t]$

시정수	시간	커패시터 방전 전압 $V_C[t]$	
		측정값	이론값
0.5τ			
1τ			
1.5τ			
2τ			
3τ			
4τ			
5τ			
6τ			

6. [그림 17.3]의 회로에서 커패시터를 완전 충전시킨 후 스위치를 B로 놓고 각 시간에 따른 커패시터의 방전전압 $V_C(t)$를 측정하고 그 결과를 [표 17.2]에 기록한 후 계산값과 비교하시오. 모든 측정은 스위치를 A로 위치시켜 커패시터를 완전 충전시킨 후 반복하시오.

7. [표 17.1]과 [표 17.2]의 측정결과를 이용하여 [그림 17.4]에 커패시터의 충전곡선과 방전곡선을 그리시오.

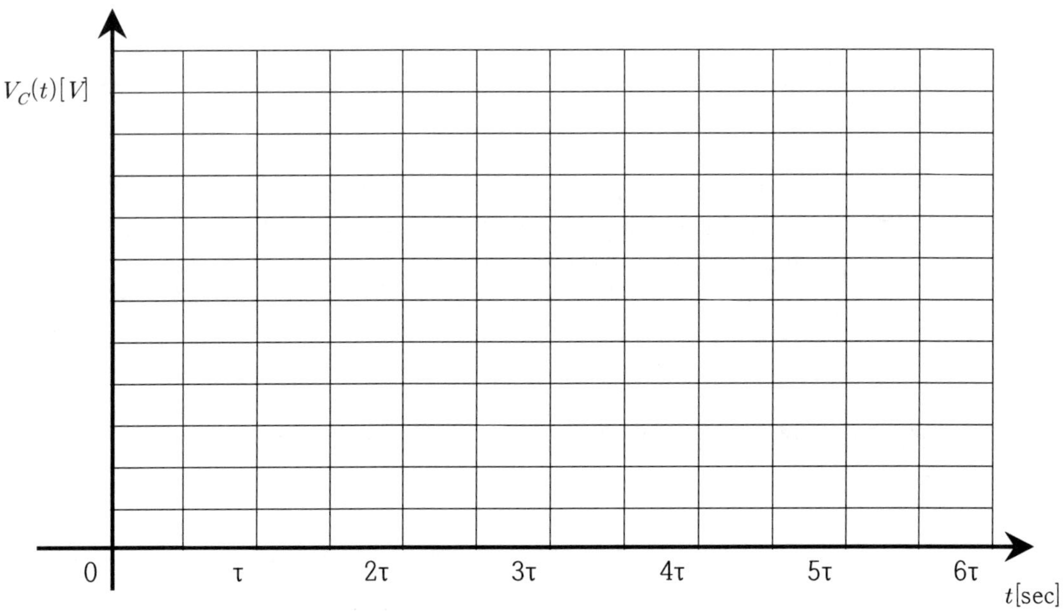

[그림 17.4] 충전곡선과 방전곡선

8. 저항과 커패시터를 각각 100[kΩ]과 220[μF]으로 교체시킨 후 실험 1)~실험 7)을 반복하시오.

실험 18 RC 교류회로

Ⅰ. 실험 목적

RC 직렬회로와 병렬회로의 교류특성을 이해하고 실험을 통한 임피던스와 위상 관계를 살펴본다.

Ⅱ. 이 론

RC 직렬회로

[그림 18.1] (a)와 같은 RC 직렬회로에 정현파 교류전압원 V_S를 인가하면 저항과 커패시터에는 동일한 전류가 흐른다. 이 회로에 흐르는 전류 I_S를 기준 페이저로 하여 전압 페이저를 그리면 [그림 18.1] (b)와 같다. 저항 양단의 전압 V_R은 이 회로에 흐르는 전류 I_S와 동상(in phase)이고 커패시터 전압 V_C 보다는 90° 빠르다. 또한, 교류전압원 V_S는 V_R과 V_C의 페이저 합이다. 페이저(phaser)는 정현파의 크기와 위상을 표현하는데 사용되는 복소수이다.

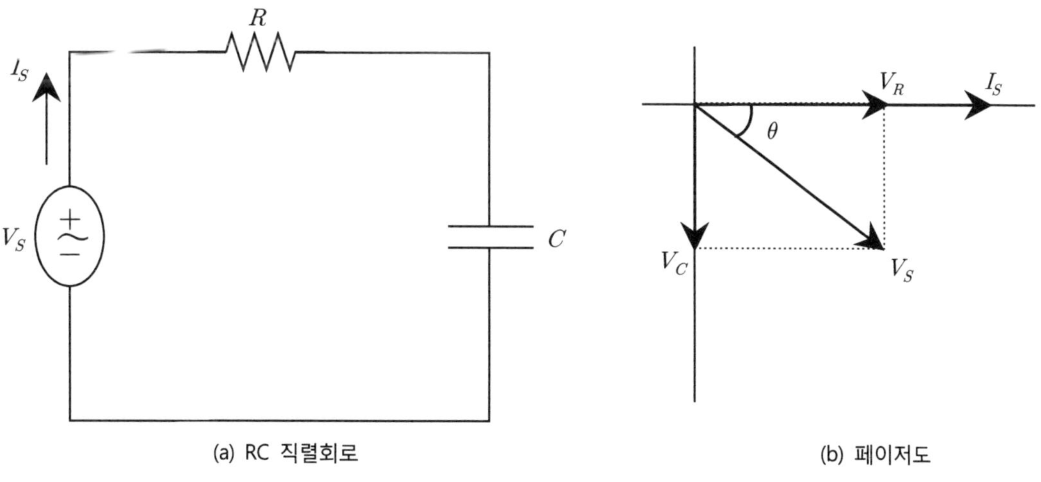

[그림 18.1] RC 직렬회로와 페이저도

교류전압원 V_S의 크기와 위상각은 페이저도로부터 다음과 같이 구할 수 있다.

$$V_S = \sqrt{V_R^2 + V_C^2} \tag{18.1}$$

$$\theta = \tan^{-1}(\frac{V_C}{V_R}) \tag{18.2}$$

저항 R과 커패시터 C에 의한 전류 흐름의 방해 정도를 임피던스(impedance)라 한다. [그림 18.1] (a)의 회로에서 임피던스 Z는 저항 R과 용량성 리액턴스 X_C의 페이저 합이므로 크기와 위상각은 다음과 같이 구할 수 있다.

$$Z = \sqrt{R^2 + X_C^2} \tag{18.3}$$

$$\theta = \tan^{-1}(\frac{X_C}{R}) = \tan^{-1}(\frac{1}{\omega CR}) = \tan^{-1}(\frac{1}{2\pi f CR}) \tag{18.4}$$

여기서 X_C=1/2πfC이다. 또한, 식 (18.3)과 옴의 법칙을 이용하면 V_R과 V_C의 계산식을 다음과 같이 얻을 수 있다.

$$V_R = IR = (\frac{R}{Z}) V_S \tag{18.5}$$

$$V_C = IX_C = (\frac{X_C}{Z}) V_S \tag{18.6}$$

RC 병렬회로

[그림 18.2] (a)와 같은 RC 병렬회로에 정현파 교류전압원 V_S를 인가하면 저항 R과 커패시터 C에는 동일한 전압 V_S가 걸리며 각 소자에 흐르는 전류는 각각 다음과 같다.

$$I_R = \frac{V_S}{R} \tag{18.7}$$

$$I_C = \frac{V_S}{X_C} \tag{18.8}$$

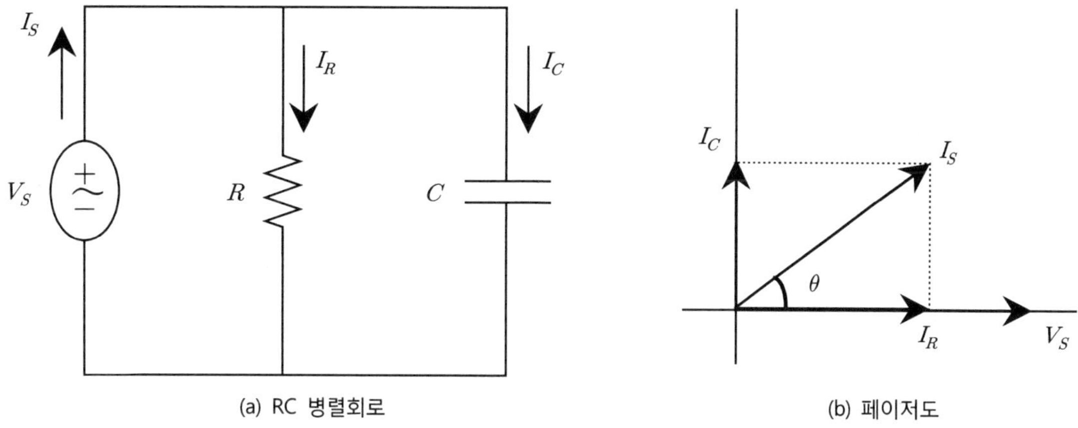

(a) RC 병렬회로

(b) 페이저도

[그림 18.2] RC 병렬회로와 페이저도

[그림 18.2] (b)는 이 회로에 인가된 전압을 기준 페이저로 하여 전류 페이저를 비교한 것이다. 저항에 흐르는 전류 I_R은 인가된 전압 V_S와 동위상이나 커패시터에 흐르는 전류 I_C는 인가된 전압 보다 위상이 90° 빠르다. 이 회로의 공급전류 I_S는 각 전류의 페이저 합산 결과이고 크기와 위상각은 페이저도로부터 다음과 같이 구할 수 있다.

$$I_S = \sqrt{I_R^2 + I_C^2} \tag{18.9}$$

$$\theta = \tan^{-1}(\frac{I_C}{I_R}) \tag{18.10}$$

[그림 18.2] (a)의 회로에서 총 임피던스 Z의 크기와 위상각은 다음과 같이 구할 수 있다.

$$Z = \frac{V_S}{I_S} \text{ 또는 } Z = \frac{1}{\sqrt{(\frac{1}{X_C})^2 + (\frac{1}{R})^2}} = \frac{RX_C}{\sqrt{R^2 + X_C^2}} \tag{18.11}$$

$$\theta = \tan^{-1}(\frac{R}{X_C}) = \tan^{-1}(\omega CR) = \tan^{-1}(2\pi f CR) \tag{18.12}$$

여기서 $X_C=1/2\pi fC$이다.

RC병렬회로의 어드미턴스(admittance) Y는

$$Y = \frac{1}{Z} = \frac{I_S}{V_S} = \sqrt{G^2 + B_C^2} \tag{18.13}$$

이다.

여기서, 컨덕턴스(conductance) G와 용량성 서셉턴스(capacitive susceptance) B_C는 각각 다음 식과 같다.

$$G = \frac{1}{R} \tag{18.14}$$

$$B_C = \frac{1}{X_C} \tag{18.15}$$

그리고 위상각 θ는 다음 식으로 표현된다.

$$\theta = \tan^{-1}(\frac{B_C}{G}) \tag{18.16}$$

[그림 18.2] (a)의 회로에서 전류 I_R과 I_C를 구하면 각각 다음과 같다.

$$I_R = \frac{V_S}{R} = (\frac{Z}{R})I_S = (\frac{G}{Y})I_S \tag{18.17}$$

$$I_C = \frac{V_S}{X_C} = (\frac{Z}{X_C})I_S = (\frac{B_C}{Y})I_S \tag{18.18}$$

【예제 18.1】

다음 RC 직렬회로에 대해 임피던스 Z와 위상각 θ를 구하고 이에 대한 페이저도를 그리시오.

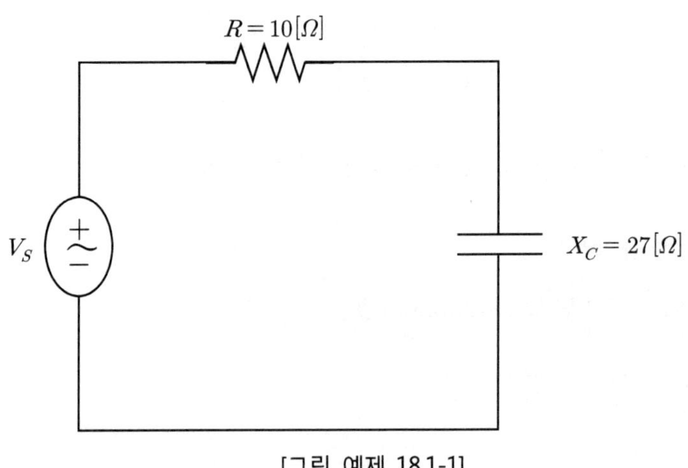

[그림 예제 18.1-1]

풀이

임피던스 Z는

$$Z = \sqrt{R^2 + X_C^2} = \sqrt{(10[\Omega])^2 + (27[\Omega])^2} = 28.8[\Omega]$$

위상각 θ는

$$\theta = \tan^{-1}(\frac{X_C}{R}) = \tan^{-1}(\frac{27[\Omega]}{10[\Omega]}) = 69.7^\circ$$

페이저도는 [그림 예제 18.1-2]와 같다.

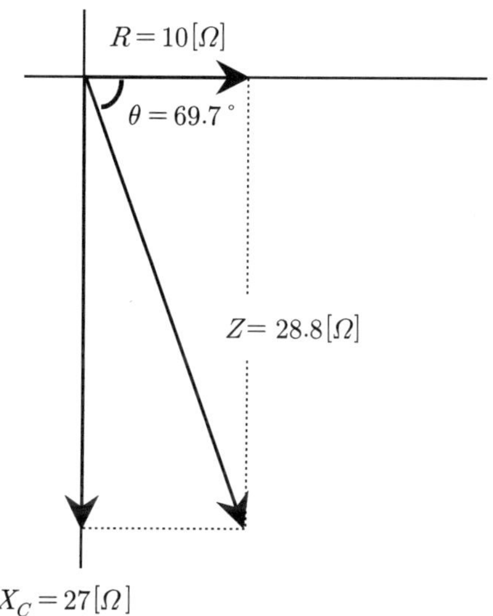

[그림 예제 18.1-2]

【예제 18.2】

다음 RC 직렬회로에 흐르는 전류 I_S와 저항 및 커패시터 양단의 전압 V_R과 V_C를 각각 구하시오.

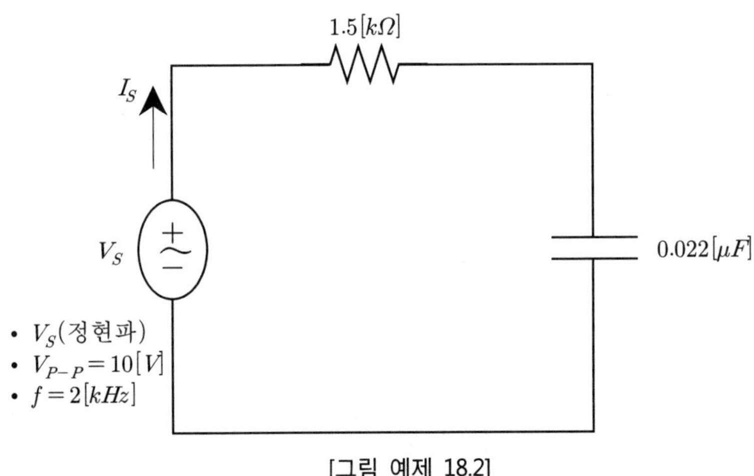

[그림 예제 18.2]

풀이

용량성 리액턴스 X_C는

$$X_C=\frac{1}{2\pi fC}=\frac{1}{2\pi\times 2[kHz]\times 0.022[\mu F]}=3.62[k\Omega]$$

임피던스 Z는

$$Z=\sqrt{R^2+X_C^2}=\sqrt{(1.5[k\Omega])^2+(3.62[k\Omega])^2}=3.92[k\Omega]$$

이 회로에 흐르는 전류 I_S는 옴의 법칙에 의해

$$I_S=\frac{V_S}{Z}=\frac{10[V]}{3.92[k\Omega]}=2.55[mA]$$

저항 및 커패시터 양단의 전압 V_R과 V_C는 식 (18.5)과 식 (18.6)에 의해 각각

$$V_R=RI_S=1.5[k\Omega]\times 2.55[mA]=3.83[V]$$

$$V_C=X_C I_S=3.62[k\Omega]\times 2.55[mA]=9.23[V]$$

【예제 18.3】

다음 RC 병렬회로에 대해 임피던스 Z와 위상각 θ를 구하시오.

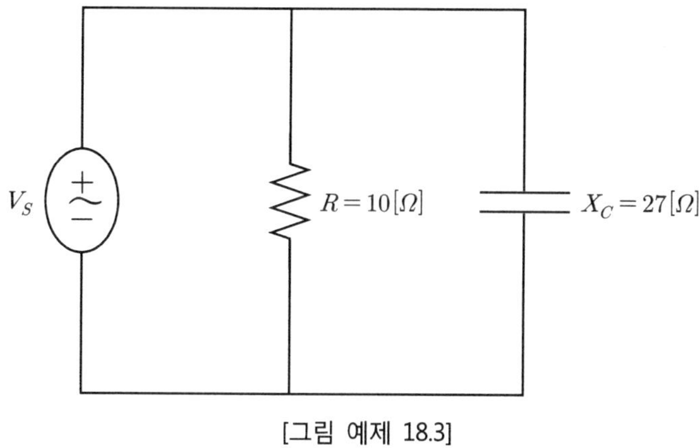

[그림 예제 18.3]

풀 이

임피던스 Z는

$$Z=\frac{RX_C}{\sqrt{R^2+X_C^2}}=\frac{10[\Omega]\times 27[\Omega]}{\sqrt{10[\Omega]^2+27[\Omega]^2}}=9.38[\Omega]$$

위상각 θ는

$$\theta=\tan^{-1}(\frac{R}{X_C})=\tan^{-1}(\frac{10[\Omega]}{27[\Omega]})=20.3^{\circ}$$

【예제 18.4】

다음 RC 병렬회로에 흐르는 전류 I_S의 크기를 전체 어드미턴스 Y_T를 이용하여 계산하고 이에 대한 위상각 θ를 구하시오.

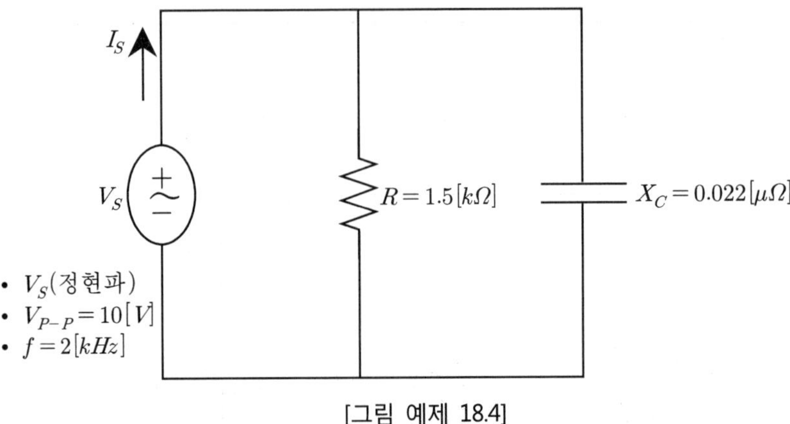

[그림 예제 18.4]

풀이

용량성 리액턴스 X_C는

$$X_C=\frac{1}{2\pi fC}=\frac{1}{2\pi\times 2[kHz]\times 0.022[\mu F]}=3.62[k\Omega]$$

컨덕턴스 G는

$$G=\frac{1}{R}=\frac{1}{1.5[k\Omega]}=0.67[mS]$$

용량성 서셉턴스 B_C는

$$B_C=\frac{1}{X_C}=\frac{1}{3.62[k\Omega]}=0.28[mS]$$

따라서 전체 어드미턴스 Y_T는

$$Y_T=\sqrt{G^2+B_C^2}=\sqrt{(0.67[mS])^2+(0.28[mS])^2}=0.73[mS]$$

RC 병렬회로에 흐르는 전류 I_S의 크기는 옴의 법칙을 이용하여

$$I_S=Y_TV=0.73[mS]\times 10[V]=7.3[mA]$$

위상각 θ는

$$\theta=\tan^{-1}(\frac{R}{X_C})=\tan^{-1}(\frac{1.5[k\Omega]}{3.62[k\Omega]})=22.5°$$

Ⅲ. 실험기기 및 부품

실험기기	직류전원공급기, 멀티미터, 오실로스코프, 저주파발진기, 브레드보드, 리드선
부품	1[kΩ], 2[kΩ], 0.1[μF], 1[μF] 각 1개씩

Ⅳ. 실험방법

1. RC 직렬회로

1) [그림 18.3]과 같이 RC 직렬회로를 구성하고, V_{P-P}=10[V], f=1[kHz]인 정현파 전압을 인가하시오.

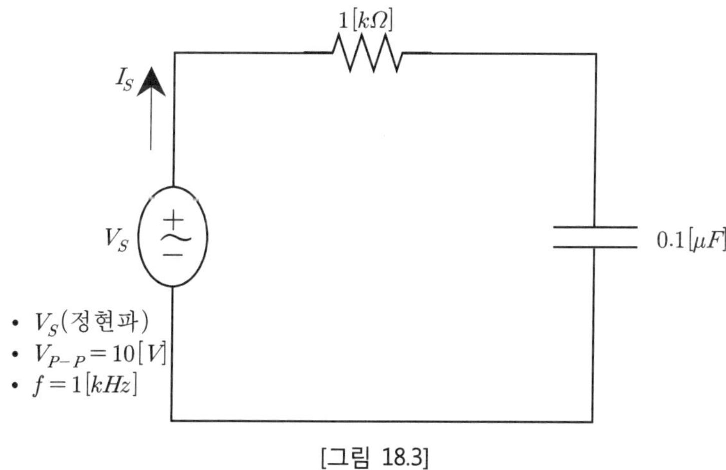

[그림 18.3]

2) [그림 18.3]의 회로로부터 [표 18.1]의 관련식(이론값)을 참조하여 X_C, Z, V_R, V_C, V_S, I_S, θ를 계산하고 그 결과를 기록하시오.

3) [그림 18.3]의 회로로부터 각 전압 V_R, V_C, V_S를 측정한 후 그 결과를 [표 18.1]에 기록하시오.

4) 측정된 전압 V_R, V_C, V_S를 이용하여 이 회로에 흐르는 전류 I_S 및 X_C, Z, θ를 관련식(측정값으로부터 구한 후 그 결과를 [표 18.1]에 기록하시오.

5) 정현파 전압 V_S의 주파수를 f=10[kHz]로 조정하고 위 실험 1)~실험 4)를 반복한 후 [표 18.2]에 기록하시오.

[표 18.1] 정현파 전압 V_{P-P}=10[V], f=1[kHz]일 때

항목	이론값		측정값	
X_C		$\frac{1}{2\pi fC}[\Omega]$		$\frac{V_C}{I_S}[\Omega]$
Z		$\sqrt{R^2+X_C^2}\,[\Omega]$		$\frac{V_S}{I_S}[\Omega]$
I_S		$\frac{V_S}{Z}[A]$		$\frac{V_R}{R}[A]$
V_R		$RI_S[V]$		측정
V_C		$X_CI_S[V]$		측정
V_S		$\sqrt{V_R^2+V_C^2}\,[V]$		측정
θ		$-\tan^{-1}(\frac{V_C}{V_R})\,[^\circ]$		$-\tan^{-1}(\frac{V_C}{V_R})$

[표 18.2] 정현파 전압 $V_{P\text{-}P}$=10[V], f=10[kHz]일 때

항목	이론값		측정값	
X_C		$\frac{1}{2\pi fC}[\Omega]$		$\frac{V_C}{I_S}[\Omega]$
Z		$\sqrt{R^2+X_C^2}\,[\Omega]$		$\frac{V_S}{I_S}[\Omega]$
I_S		$\frac{V_S}{Z}[A]$		$\frac{V_R}{R}[A]$
V_R		$RI_S[V]$		측정
V_C		$X_CI_S[V]$		측정
V_S		$\sqrt{V_R^2+V_C^2}\,[V]$		측정
θ		$-\tan^{-1}(\frac{V_C}{V_R})\,[^\circ]$		$-\tan^{-1}(\frac{V_C}{V_R})$

2. RC 병렬회로

1) [그림 18.4]와 같이 RC 병렬회로를 구성하고, $V_{P\text{-}P}$=10[V], f=1[kHz]인 정현파 전압을 인가하시오.

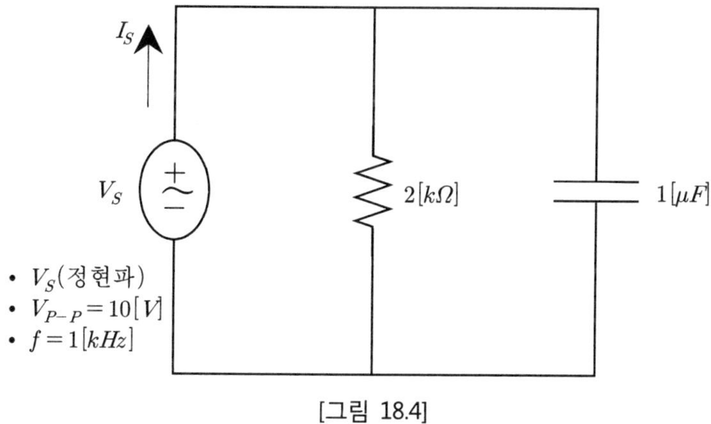

[그림 18.4]

2) [그림 18.4]의 회로로부터 [표 18.3]의 관련식(이론값)을 참조하여 X_C, Y, I_R, I_C, I_S, θ를 계산하고 그 결과를 [표 18.3]에 기록하시오.

3) [그림 18.4]의 회로로부터 각 전류 I_R, I_C, I_S를 측정한 후 그 결과를 [표 18.3]에 기록하시오.

4) 측정된 전류 I_R, I_C, I_S와 전압 V_S를 이용하여 X_C, Y, θ를 관련식(측정값)으로부터 구한 후 그 결과를 [표 18.3]에 기록하시오.

5) 정현파 전압 V_S의 주파수를 f=10[kHz]로 조정하고 위 실험 1)~실험 4)를 반복한 후 [표 18.4]에 기록하시오.

[표 18.3] 정현파 전압 V_{P-P}=10[V], f=1[kHz]일 때

항목	이론값		측정값	
X_C		$\frac{1}{2\pi fC}[\Omega]$		$\frac{V_S}{I_C}[\Omega]$
Y		$\sqrt{G^2+B_C^2}\,[S]$		$\frac{I_S}{V_S}[S]$
I_R		$\frac{V_S}{R}[A]$		측정
I_C		$\frac{V_S}{X_C}[A]$		측정
I_S		$\sqrt{I_R^2+I_C^2}\,[A]$		측정
θ		$\tan^{-1}(\frac{I_C}{I_R})\,[^\circ]$		$\tan^{-1}(\frac{I_C}{I_R})$

[표 18.4] 정현파 전압 V_{P-P}=10[V], f=10[kHz]일 때

항목	이론값		측정값	
X_C		$\frac{1}{2\pi fC}[\Omega]$		$\frac{V_S}{I_C}[\Omega]$
Y		$\sqrt{G^2+B_C^2}\,[S]$		$\frac{I_S}{V_S}[S]$
I_R		$\frac{V_S}{R}[A]$		측정
I_C		$\frac{V_S}{X_C}[A]$		측정
I_S		$\sqrt{I_R^2+I_C^2}\,[A]$		측정
θ		$\tan^{-1}(\frac{I_C}{I_R})\,[^\circ]$		$\tan^{-1}(\frac{I_C}{I_R})$

실험 19 RL 교류회로

Ⅰ. 실험 목적

RL 직렬회로와 병렬회로의 교류특성을 이해하고 실험을 통한 임피던스와 위상 관계를 살펴본다.

Ⅱ. 이 론

1. RL 직렬회로

[그림 19.1] (a)와 같은 RL 직렬회로에 정현파 교류전압원 V_S를 인가하면 저항과 인덕터에는 동일한 전류가 흐른다. 이 회로에 흐르는 전류 I_S를 기준 페이저로 하여 전압 페이저를 그리면 [그림 19.1] (b)와 같다.

저항 양단의 전압 V_R은 이 회로에 흐르는 전류 I_S와 동상(in phase)이고 인덕터 전압 V_L 보다는 90° 느리다. 또한, 교류전압원 V_S는 V_R과 V_L의 페이저 합이다.

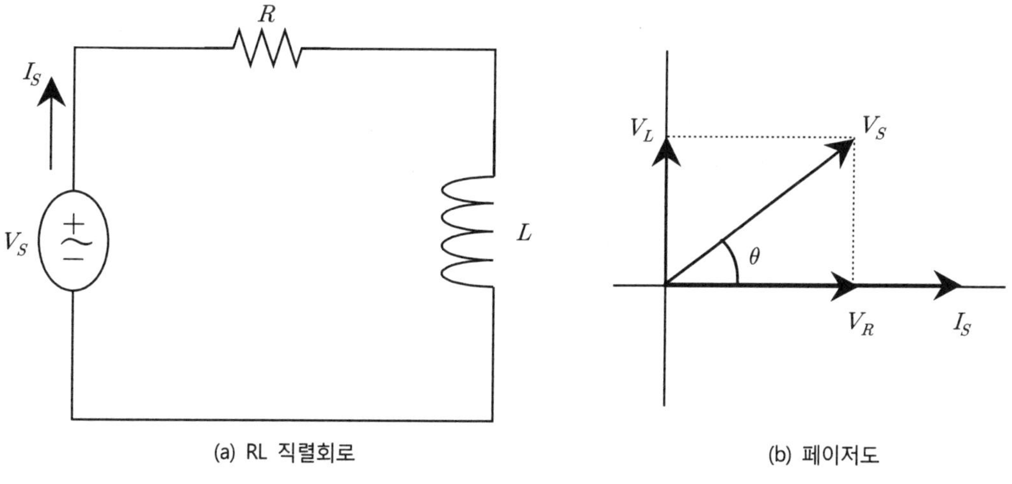

(a) RL 직렬회로 (b) 페이저도

[그림 19.1] RL 직렬회로와 페이저도

교류전압원 V_S의 크기와 위상각은 페이저도로부터 다음과 같이 구할 수 있다.

$$V_S = \sqrt{V_R^2 + V_L^2} \tag{19.1}$$

$$\theta = \tan^{-1}(\frac{V_L}{V_R}) \tag{19.2}$$

[그림 19.1] (a)의 회로에서 임피던스 Z는 저항 R과 유도성 리액턴스 X_L의 페이저 합이므로 크기와 위상각은 다음과 같이 구할 수 있다.

$$Z = \sqrt{R^2 + X_L^2} \tag{19.3}$$

$$\theta = \tan^{-1}(\frac{X_L}{R}) = \tan^{-1}(\frac{\omega L}{R}) = \tan^{-1}(\frac{2\pi f L}{R}) \tag{19.4}$$

여기서 $X_L=2\pi fL$이다.

또한, 식 (19.3)과 옴의 법칙을 이용하면 V_R과 V_L의 계산식을 다음과 같이 얻을 수 있다.

$$V_R = IR = (\frac{R}{Z}) V_S \tag{19.5}$$

$$V_L = X_L I = (\frac{X_L}{Z}) V_S \tag{19.6}$$

2. RL 병렬회로

[그림 19.2] (a)와 같은 RL 병렬회로에 정현파 교류전압원 V_S를 인가하면 저항 R과 커패시터 C에는 동일한 전압 V_S가 걸리며 각 소자에 흐르는 전류는 각각 다음과 같다.

$$I_R = \frac{V_S}{R} \tag{19.7}$$

$$I_L = \frac{V_S}{X_L} \tag{19.8}$$

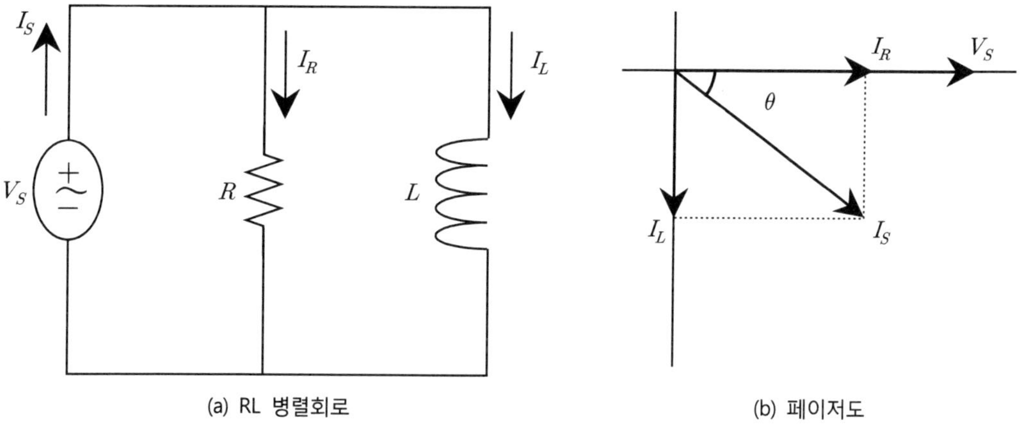

[그림 19.2] RL 병렬회로와 페이저도

[그림 19.2] (b)는 이 회로에 인가된 전압 V_S를 기준 페이저로 하여 전류 페이저를 비교한 것이다. 저항에 흐르는 전류 I_R은 인가된 전압 V_S와 동위상이나 인덕터에 흐르는 전류 I_L 보다 위상이 90° 빠르다.

이 회로의 공급전류 I_S는 각 전류의 페이저 합산 결과이고 크기와 위상각은 페이저도로부터 다음과 같이 구할 수 있다.

$$I_S = \sqrt{I_R^2 + I_L^2} \tag{19.9}$$

$$\theta = -\tan^{-1}\left(\frac{I_L}{I_R}\right) \tag{19.10}$$

[그림 19.2] (a)의 회로에서 총 임피던스 Z의 크기와 위상각은 다음과 같이 구할 수 있다.

$$Z = \frac{1}{\sqrt{\left(\frac{1}{X_L}\right)^2 + \left(\frac{1}{R}\right)^2}} = \frac{RX_L}{\sqrt{R^2 + X_L^2}} \tag{19.11}$$

$$\theta = -\tan^{-1}\left(\frac{R}{X_L}\right) = -\tan^{-1}\left(\frac{R}{\omega L}\right) = -\tan^{-1}\left(\frac{R}{2\pi f L}\right) \tag{19.12}$$

여기서 $X_L = 2\pi f L$이다.

또한, RL병렬회로의 어드미턴스(admittance) Y는

$$Y = \frac{1}{Z} = \frac{I_S}{V_S} = \sqrt{G^2 + B_L^2} \tag{19.13}$$

이다.

여기서, 컨덕턴스(conductance) G와 유도성 서셉턴스(inductancive susceptance) B_L은 각각 다음 식과 같다.

$$G = \frac{1}{R} \tag{19.14}$$

$$B_L = \frac{1}{X_L} \tag{19.15}$$

그리고 위상각 θ는 다음 식으로 표현된다.

$$\theta = -\tan^{-1}\left(\frac{B_L}{G}\right) \tag{19.16}$$

[그림 19.2] (a)의 회로에서 전류 I_R과 I_L을 구하면 각각 다음과 같다.

$$I_R = \frac{V_S}{R} = \left(\frac{Z}{R}\right)I_S = \left(\frac{G}{Y}\right)I_S \tag{19.17}$$

$$I_L = \frac{V_S}{X_L} = \left(\frac{Z}{X_L}\right)I_S = \left(\frac{B_L}{Y}\right)I_S \tag{19.18}$$

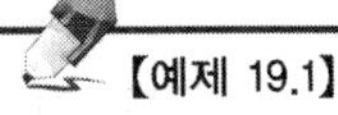

【예제 19.1】

다음 RL 직렬회로에 대해 임피던스 Z와 위상각 θ를 구하고 이에 대한 페이저도를 그리시오.

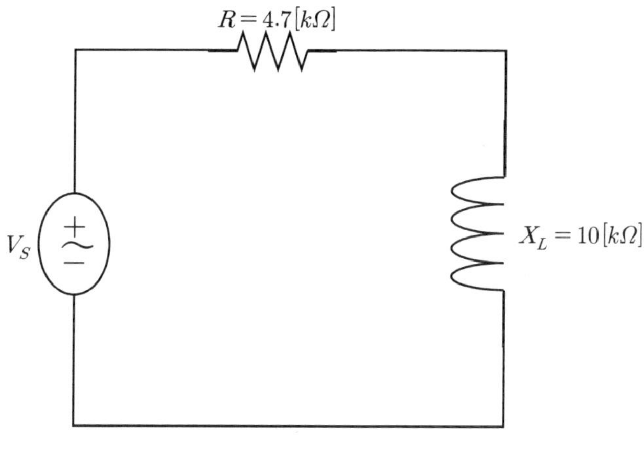

[그림 예제 19.1-1]

풀 이

임피던스 Z는

$$Z = \sqrt{R^2 + X_L^2} = \sqrt{4.7[k\Omega]^2 + 10[k\Omega]^2} = 11.1[k\Omega]$$

위상각 θ는

$$\theta = \tan^{-1}(\frac{X_L}{R}) = \tan^{-1}(\frac{10[k\Omega]}{4.7[k\Omega]}) = 64.8^{\circ}$$

페이저도는

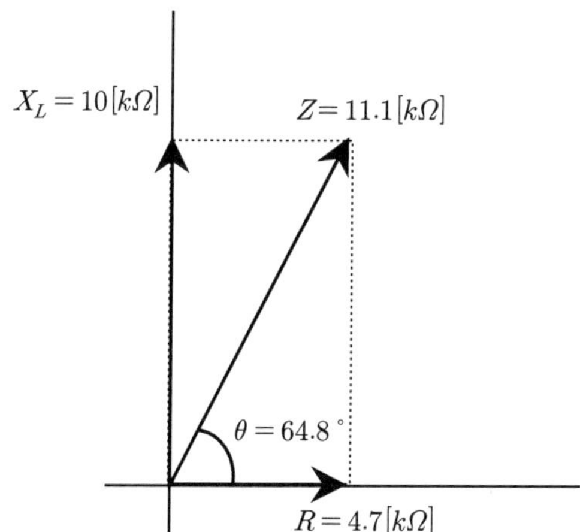

[그림 예제 19.1-2]

다음 RL 병렬회로에 흐르는 전류 I_S의 크기를 전체 어드미턴스 Y_T를 이용하여 계산하고 이에 대한 위상각 θ를 구하시오.

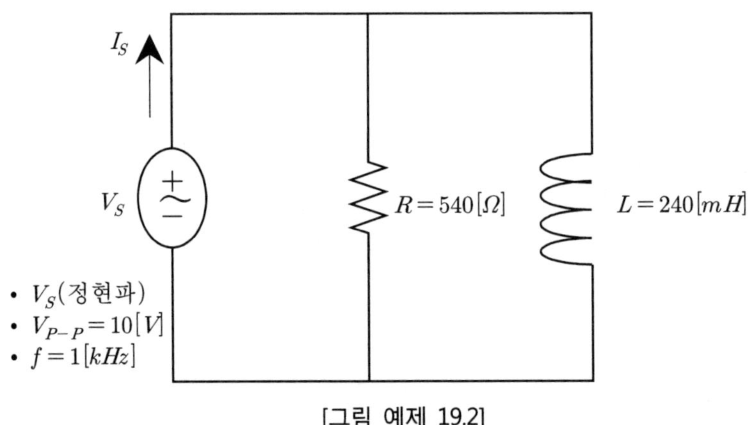

[그림 예제 19.2]

풀이

유도성 리액턴스 X_L은

$$X_L = 2\pi f L = 2\pi \times 1[kHz] \times 240[mH] = 1.51[k\Omega]$$

컨덕턴스 G는

$$G = \frac{1}{R} = \frac{1}{540[\Omega]} = 1.85[mS]$$

유도성 서셉턴스 B_L은

$$B_L = \frac{1}{X_L} = \frac{1}{1.51[k\Omega]} = 0.66[mS]$$

따라서 전체 어드미턴스 Y_T는

$$Y_T = \sqrt{G^2 + B_L^2} = \sqrt{(1.85[mS])^2 + (0.66[mS])^2} = 1.96[mS]$$

RL 병렬회로에 흐르는 전류 I_S의 크기는 옴의 법칙을 이용하여

$$I_S = Y_T V = 1.96[mS] \times 10[V] = 19.6[mA]$$

위상각 θ는

$$\theta = \tan^{-1}(\frac{R}{X_L}) = \tan^{-1}(\frac{540[\Omega]}{1.51[k\Omega]}) = 19.7^\circ$$

【예제 19.3】

다음 회로에서 흐르는 전류 I_R, I_L, I_S를 각각 구하고 전압원 V_S에 대한 위상각을 구하시오.

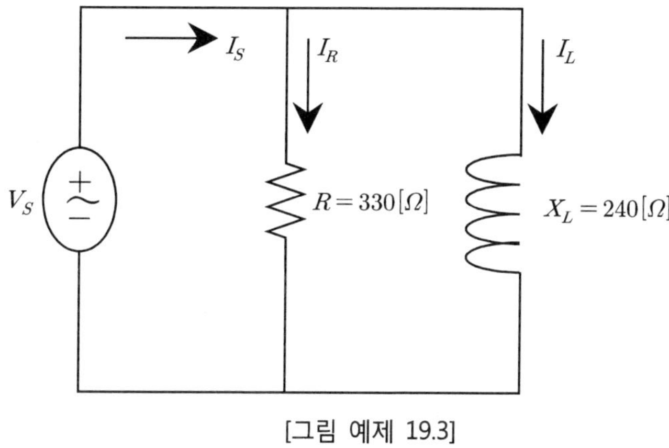

[그림 예제 19.3]

풀이

전류 I_R과 I_L은 식 (19.17)과 식 (19.18)을 이용하면

$$I_R = \frac{V_S}{R} = \frac{10[V]}{330[\Omega]} = 30.3[mA]$$

$$I_L = \frac{V_S}{X_L} = \frac{10[V]}{240[\Omega]} = 41.7[mA]$$

전체 전류 I_S는

$$I_S = \sqrt{I_R^2 + I_L^2} = \sqrt{(30.3[mA])^2 + (41.7[mA])^2} = 51.5[mA]$$

위상각 θ는

$$\theta = \tan^{-1}(\frac{R}{X_L}) = \tan^{-1}(\frac{330[\Omega]}{240[\Omega]}) = 54^\circ$$

Ⅲ. 실험기기 및 부품

실험기기	멀티미터, 오실로스코프, 저주파발진기, 브레드보드, 리드선
부품	1[kΩ], 20[mH] 각 1개씩

Ⅳ. 실험방법

1. RL 직렬회로

1) [그림 19.3]과 같이 RL 직렬회로를 구성하고, V_{P-P}=10[V], f=1[kHz]인 정현파 전압을 인가하시오.

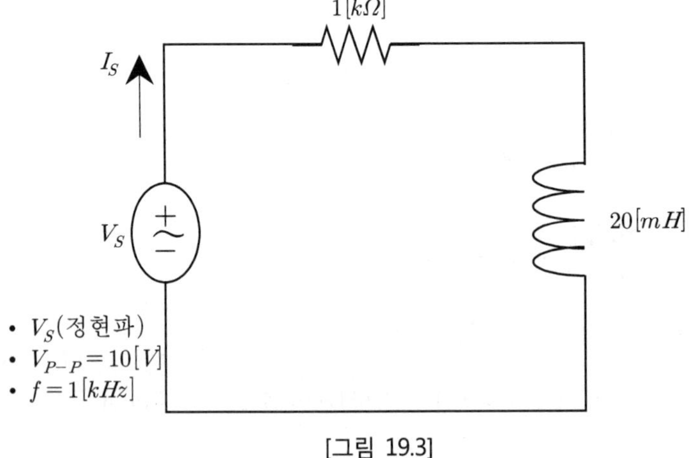

[그림 19.3]

2) [그림 19.3]의 회로로부터 [표 19.1]의 관련식(이론값)을 참조하여 X_L, Z, V_R, V_L, V_S, I_S, θ를 계산하고 그 결과를 기록하시오.

3) [그림 19.3]의 회로로부터 각 전압 V_R, V_L, V_S를 측정한 후 그 결과를 [표 19.1]에 기록하시오.

4) 측정된 전압 V_R, V_L, V_S를 이용하여 이 회로에 흐르는 전류 I_S 및 X_L, Z, θ를 관련식(측정값으로부터 구한 후 그 결과를 [표 19.1]에 기록하시오.

5) 정현파 전압 V_S의 주파수를 f=10[kHz]로 조정하고 위 실험 1)~4)를 반복한 후 [표 19.2]에 기록하시오.

[표 19.1] 정현파 전압 V_{P-P}=10[V], f=1[kHz]일 때

항목	이론값		측정값	
X_L		$2\pi fL[\Omega]$		$\frac{V_L}{I_S}[\Omega]$
Z		$\sqrt{R^2+X_L^2}\,[\Omega]$		$\frac{V_S}{I_S}[\Omega]$
I_S		$\frac{V_S}{Z}[A]$		$\frac{V_R}{R}[A]$
V_R		$RI_S[V]$		측정
V_L		$X_LI_S[V]$		측정
V_S		$\sqrt{V_R^2+V_L^2}\,[V]$		측정
θ		$\tan^{-1}(\frac{V_L}{V_R})[^\circ]$		$\tan^{-1}(\frac{V_L}{V_R})[^\circ]$

[표 19.2] 정현파 전압 V_{P-P}=10[V], f=10[kHz]일 때

항목	이론값		측정값	
X_L		$2\pi f L[\Omega]$		$\frac{V_L}{I_S}[\Omega]$
Z		$\sqrt{R^2+X_L^2}\,[\Omega]$		$\frac{V_S}{I_S}[\Omega]$
I_S		$\frac{V_S}{Z}[A]$		$\frac{V_R}{R}[A]$
V_R		$RI_S[V]$		측정
V_L		$X_L I_S[V]$		측정
V_S		$\sqrt{V_R^2+V_L^2}\,[V]$		측정
θ		$\tan^{-1}(\frac{V_L}{V_R})\,[\circ]$		$\tan^{-1}(\frac{V_L}{V_R})[\circ]$

2. RL 병렬회로

1) [그림 19.4]와 같이 RL 병렬회로를 구성하고, V_{P-P}=10[V], f=1[kHz]인 정현파 전압을 인가하시오.

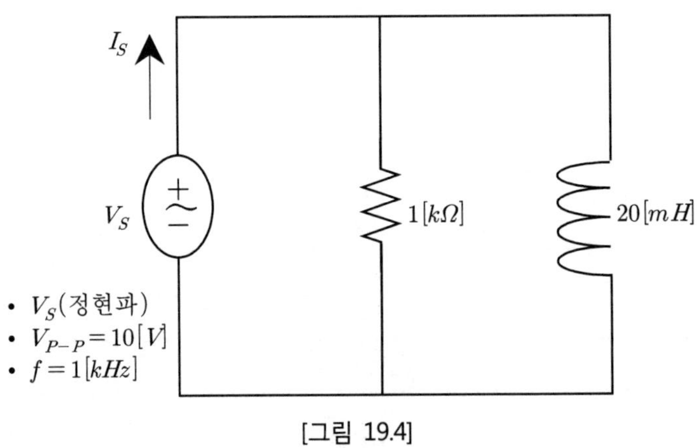

[그림 19.4]

2) [그림 19.4]의 회로로부터 [표 18.3]의 관련식(이론값)을 참조하여 X_L, Y, I_R, I_L, I_S, θ를 계산하고 그 결과를 [표 19.3]에 기록하시오.

3) [그림 19.4]의 회로로부터 각 전류 I_R, I_L, I_S를 측정한 후 그 결과를 [표 19.3]에 기록하시오.

4) 측정된 전류 I_R, I_L, I_S와 전압 V_S를 이용하여 X_L, Y, θ를 관련식(측정값)으로부터 구한 후 그 결과를 [표 19.3]에 기록하시오.

5) 정현파 전압 V_S의 주파수를 f=10[kHz]로 조정하고 위 실험 1)~4)를 반복한 후 [표 19.4]에 기록하시오.

[표 19.3] 정현파 전압 V_{P-P}=10[V], f=1[kHz]일 때

항목	이론값		측정값	
X_L		$2\pi fL[\Omega]$		$\frac{V_S}{I_L}[\Omega]$
Y		$\sqrt{G^2+B_L^2}\ [\Omega]$		$\frac{I_S}{V_S}$
I_R		$\frac{V_S}{R}[A]$		측정
I_L		$\frac{V_S}{X_L}[A]$		측정
I_S		$\sqrt{I_R^2+I_L^2}\ [A]$		측정
θ		$-\tan^{-1}(\frac{I_L}{I_R})\ [°]$		$-\tan^{-1}(\frac{I_L}{I_R})[°]$

[표 19.4] 정현파 전압 V_{P-P}=10[V], f=10[kHz]일 때

항목	이론값		측정값	
X_L		$2\pi fL[\Omega]$		$\frac{V_S}{I_L}[\Omega]$
Y		$\sqrt{G^2+B_L^2}\,[S]$		$\frac{I_S}{V_S}[S]$
I_R		$\frac{V_S}{R}[A]$		측정
I_L		$\frac{V_S}{X_L}[A]$		측정
I_S		$\sqrt{I_R^2+I_L^2}\,[A]$		측정
θ		$-\tan^{-1}(\frac{I_L}{I_R})\,[^\circ]$		$-\tan^{-1}(\frac{I_L}{I_R})[^\circ]$

실험 20 RLC 회로

Ⅰ. 실험 목적

RLC 소자로 구성된 교류회로에서 전압, 전류 사이의 위상개념 및 임피던스 특성에 대해파악하고 이를 실험을 통해 확인한다.

Ⅱ. 이 론

실험 18과 실험 19에서 익힌 지식을 기반으로 인덕턴스와 커패시턴스를 모두 가지고 있는 RLC 직·병렬회로에 대해 알아본다.

1. RLC 직렬회로의 특성

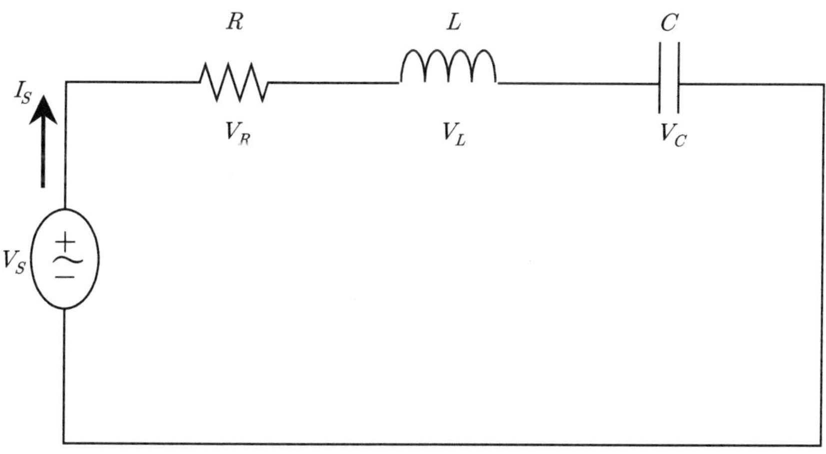

(a) RLC 직렬회로

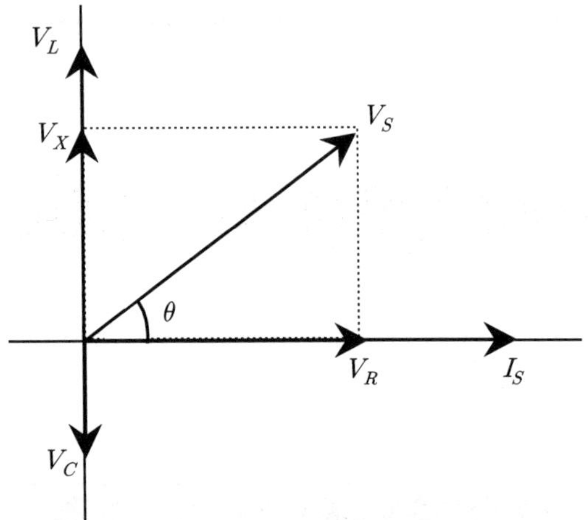

(b) X_L > X_C인 경우 페이저도

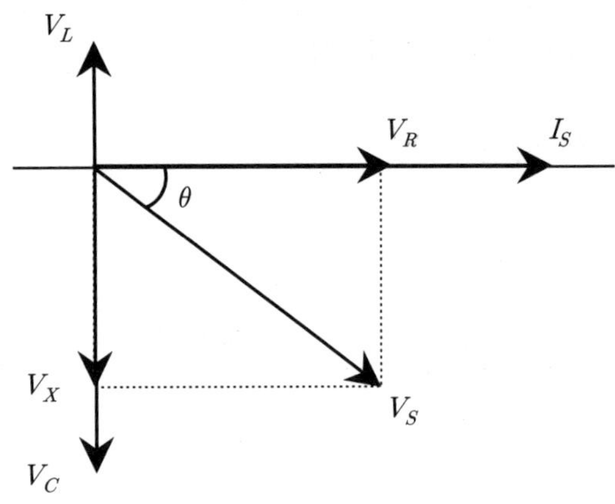

(c) X_C > X_L인 경우 페이저도

[그림 20.1] RLC 직렬회로와 페이저도

1) 유도성 리액턴스 X_L가 용량성 리액턴스 X_C 보다 큰 경우(즉, X_L 〉 X_C)

전류 I_S를 기준으로 한 전압페이저는 [그림 20.1] (b)와 같다. 여기서, V_R은 I_S와 동상이고, V_L은 I_S 보다 90° 빠르다.

또한, V_C는 I_S 보다 90° 느리고, V_L은 V_C 보다 위상이 180° 빠르다. $X_L > X_C$일 때 회로는 유도성이고, 전압 V_L이 V_C 보다 크다. 인가전압 V_S는 저항 양단의 전압 V_R과 전체 리액턴스 전압 V_X의 페이저 합이므로

$$V_S = \sqrt{V_R^2 + V_X^2} \tag{20.1}$$

$$= \sqrt{V_R^2 + (V_L - V_C)^2}$$

이다. 여기서, V_X는 $(V_L - V_C)$이다. 그리고 페이저도로부터 위상각 θ는

$$\theta = \tan^{-1}(\frac{V_X}{V_R})$$

$$= \tan^{-1}(\frac{V_L - V_C}{V_R})$$

가 된다.

또한, 각각의 전압은 다음 식과 같이 나타낼 수 있다.

$$V_R = RI_S \tag{20.2}$$

$$V_L = X_L I_S = \omega L I_S = 2\pi f L I_S \tag{20.3}$$

$$V_C = X_C I_S = (\frac{1}{\omega C}) I_S = (\frac{1}{2\pi f C}) I_S \tag{20.4}$$

식 (20.1)은 다시

$$V_S = \sqrt{V_R^2 + (V_L - V_C)^2} \tag{20.5}$$

$$= \sqrt{(RI_S)^2 + (X_L I_S - X_C I_S)^2}$$

$$= ZI_S$$

인 관계가 성립한다. 여기서, RLC 직렬회로의 임피던스 Z는

$$Z = \sqrt{R^2 + (X_L - X_C)^2} \tag{20.6}$$

이고, 위상각 θ는 다음과 같다.

$$\theta = \tan^{-1}(\frac{X_L - X_C}{R}) \tag{20.7}$$

2) 용량성 리액턴스 X_C가 유도성 리액턴스 X_L 보다 큰 경우(즉, $X_C > X_L$)

전류 I_S를 기준으로 한 전압페이저는 [그림 20.1] (c)와 같고, 회로는 용량성이다.

전압 V_C가 V_L 보다 크며, 인가전압 V_S는 저항 양단의 전압 V_R과 전체 리액턴스 전압 V_X의 페이저 합으로부터

$$V_S = \sqrt{V_R^2 + V_X^2} \tag{20.7}$$

$$= \sqrt{V_R^2 + (V_C - V_L)^2}$$

이다.

여기서, V_X는 $(V_C - V_L)$이다.

그리고 페이저도로부터 위상각 θ는

$$\theta = \tan^{-1}\left(\frac{V_X}{V_R}\right) \tag{20.8}$$

$$= \tan^{-1}\left(\frac{V_C - V_L}{V_R}\right)$$

가 된다.

또한, 이 회로의 임피던스 Z는

$$Z = \sqrt{R^2 + (X_C - X_L)^2} \tag{20.9}$$

이다.

위상각 θ는 다음과 같다.

$$\theta = -\tan^{-1}\left(\frac{X_C - X_L}{R}\right) \tag{20.10}$$

2. RLC 병렬회로의 특성

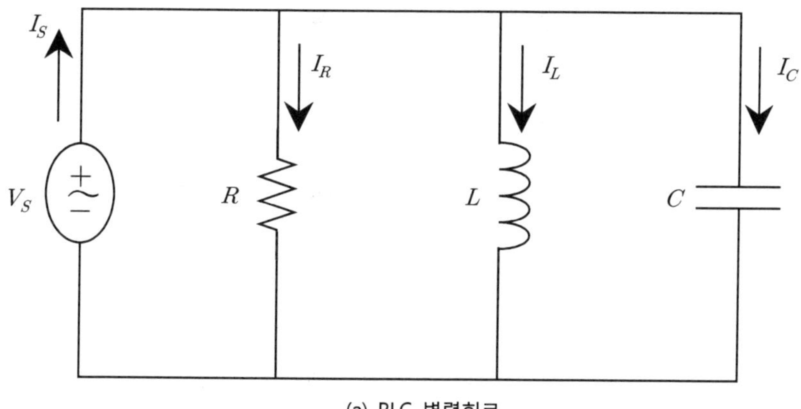

(a) RLC 병렬회로

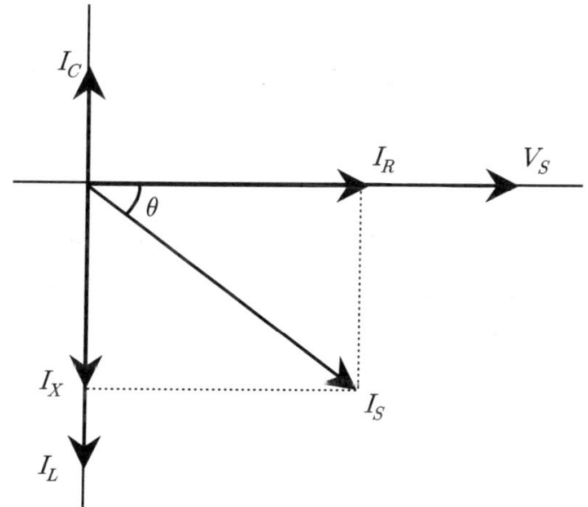

(b) B_L > B_C인 경우 페이저도

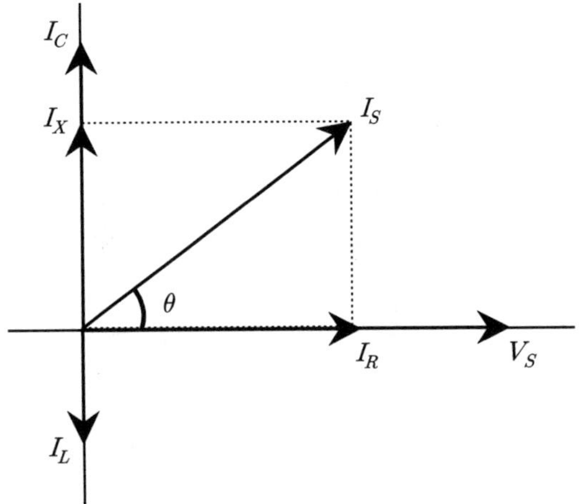

(c) B_C > B_L인 경우 페이저도

[그림 20.2] RLC 병렬회로와 페이저도

1) 유도성 서셉턴스 B_L이 용량성 서셉턴스 B_C보다 큰 경우(즉, B_L 〉 B_C)

전압 V_S를 기준으로 한 전류페이저는 [그림 20.2] (b)와 같다. 여기서, I_R은 V_S와 동상이고, I_C는 V_S 보다 90° 빠르다.

또한, I_L은 V_S 보다 90° 느리고, I_C는 I_L 보다 위상이 180° 빠르다. 역시, $B_L > B_C$ (즉, $I_L > I_C$) 일 때 회로는 유도성이고, 전류 I_L은 I_C 보다 크다. 전류 I_S는 I_R과 전체 리액턴스 전류 I_X의 페이저 합이므로

$$I_S = \sqrt{I_R^2 + I_X^2} \qquad (20.11)$$

$$= \sqrt{I_R^2 + (I_L - I_C)^2}$$

이다. 여기서, I_X는 $(I_L - I_C)$이다. 그리고 페이저도로부터 위상각 θ는

$$\theta = -\tan^{-1}\left(\frac{I_X}{I_R}\right) \qquad (20.12)$$

$$= -\tan^{-1}\left(\frac{I_L - I_C}{I_R}\right)$$

가 된다.

또한, 각각의 전류는 다음 식과 같이 나타낼 수 있다.

$$I_R = \frac{V_S}{R} = GV_S \tag{20.13}$$

$$I_L = \frac{V_S}{X_L} = \frac{V_S}{\omega L} = \frac{V_S}{2\pi f L} = B_L V_S \tag{20.14}$$

$$I_C = \frac{V_S}{X_C} = \frac{V_S}{(1/\omega C)} = 2\pi f C V_S = B_C V_S \tag{20.15}$$

식 (20.13)에서 식 (20.15)로부터 컨덕턴스 G와 유도성 서셉턴스 B_L 및 용량성 서셉턴스 B_C는 각각 저항, 유도성 리액턴스 및 용량성 리액턴스의 역수이므로

$$G = \frac{1}{R} \tag{20.16}$$

$$B_L = \frac{1}{X_L} \tag{20.17}$$

$$B_C = \frac{1}{X_C} \tag{20.18}$$

와 같이 표현되고, 어드미턴스 Y 또한 임피던스 Z의 역수이므로 식 (20.19)와 같다.

$$Y = \frac{1}{Z} \tag{20.19}$$

따라서, 식 (20.11)은 다시

$$\begin{aligned} I_S &= \sqrt{I_R^2 + (I_L - I_C)^2} \qquad (20.20) \\ &= \sqrt{(GV_S)^2 + (B_L V_S - B_C V_S)^2} \\ &= YV_S \end{aligned}$$

인 관계가 성립한다. 여기서, RLC 병렬회로의 어드미턴스 Y는

$$Y = \sqrt{G^2 + (B_L - B_C)^2} \tag{20.21}$$

이다.

위상각 θ는 다음과 같다.

$$\theta = -\tan^{-1}(\frac{B_L - B_C}{G}) \qquad (20.22)$$

2) 용량성 서셉턴스 B_C가 유도성 서셉턴스 B_L보다 큰 경우(즉, B_C 〉 B_L)

전류 I_S를 기준으로 한 전압페이저는 [그림 20.2] (c)와 같고 회로는 유도성이다. 전류 I_R은 V_S와 동상이고, I_C는 V_S 보다 90° 빠르다. 또한, I_L은 V_S 보다 90° 느리고, I_C는 I_L 보다 위상이 180° 빠르다. 역시, $B_L > B_C$ (즉, $I_L > I_C$)일 때 회로는 유도성이고, 전류 I_C는 I_L 보다 크다. 따라서. 전체 전류 I_S는 I_R과 전체 리액턴스 전류 I_X의 페이저 합이므로

$$I_S = \sqrt{I_R^2 + I_X^2} \qquad (20.22)$$

$$= \sqrt{I_R^2 + (I_C - I_L)^2}$$

와 같이 주어지고 위상각 θ는

$$\theta = \tan^{-1}(\frac{I_X}{I_R}) \qquad (20.23)$$

$$= \tan^{-1}(\frac{I_C - I_L}{I_R})$$

가 된다.

또한, 이 회로의 어드미턴스 Y는

$$Y = \sqrt{G^2 + (B_C - B_L)^2} \qquad (20.24)$$

이고, 위상각 θ는 다음과 같다.

$$\theta = \tan^{-1}(\frac{B_C - B_L}{G}) \qquad (20.25)$$

【예제 20.1】

R=25.6[Ω], L=54[mH], C=41[μF]인 RLC 직렬회로에 교류전압 220[V]가 인가되었다. 이 회로에 흐르는 전류 I_S의 크기 및 위상각 θ를 구하시오(단, 교류전압의 주파수는 f=60[Hz]).

풀이

유도성 리액턴스 X_L과 용량성 리액턴스 X_C를 먼저 구하면

$$X_L = 2\pi f L = 2\pi \times 60[Hz] \times 54[mH] = 20.35[\Omega]$$

$$X_C = \frac{1}{2\pi f C} = \frac{1}{2\pi \times 60[Hz] \times 41[\mu F]} = 64.73[\Omega]$$

용량성 리액턴스 X_C가 유도성 리액턴스 X_L 보다 크므로 전체 임피던스 X는

$$Z = \sqrt{R^2 + (X_C - X_L)^2} = \sqrt{25.62^2 + (64.73 - 20.35)^2} = 51.2[\Omega]$$

이 회로에 흐르는 전류 I는

$$I_S = \frac{V}{Z} = \frac{220[V]}{51.2[\Omega]} = 4.3[A]$$

위상각 θ는

$$\theta = \tan^{-1}(\frac{X}{R}) = \tan^{-1}(\frac{44.38[\Omega]}{25.6[\Omega]}) = 60^\circ$$

【예제 20.2】

RLC 직렬회로에 교류전압 V_S=10[V]가 인가되었다. R=75[Ω], X_L=25[kΩ], X_C=60[kΩ]일 때 이 회로에 흐르는 전류 I_S와 각 소자에 걸리는 전압을 구하시오.

풀이

용량성 리액턴스 X_C가 유도성 리액턴스 X_L 보다 큰 경우 전체 리액턴스 X는

$$X = X_C - X_L = 60[k\Omega] - 25[k\Omega] = 35[k\Omega]$$

또한, 전체 임피던스 Z는

$$Z = \sqrt{R^2 + X^2} = \sqrt{75[k\Omega]^2 + 35[k\Omega]^2} = 82.8[k\Omega]$$

전류 I_S는

$$I_S = \frac{V_S}{X} = \frac{10[V]}{82.8[k\Omega]} = 121[\mu A]$$

각 소자에 걸리는 전압은 각각

$$V_R = RI_S = 75[k\Omega] \times 121[\mu A] = 9.08[V]$$

$$V_L = X_L I_S = 25[k\Omega] \times 121[\mu A] = 3.03[V]$$

$$V_C = X_C I_S = 60[k\Omega] \times 121[\mu A] = 7.26[V]$$

【예제 20.3】

병렬 RLC회로에서 전체 임피던스 Z와 위상각 θ를 구하시오. 여기서 R=10[kΩ], X_L=5[kΩ], X_C=10[kΩ]이다.

풀이

컨덕턴스 G와 유도성 서셉턴스 B_L 및 용량성 서셉턴스 B_C는 각각

$$G = \frac{1}{R} = \frac{1}{120[\Omega]} = 8.3[mS]$$

$$B_L = \frac{1}{X_L} = \frac{1}{50[\Omega]} = 20[mS]$$

$$B_C = \frac{1}{X_C} = \frac{1}{100[\Omega]} = 10[mS]$$

따라서 전체 어드미턴스 Y는

$$Y = \sqrt{G^2 + (B_L - B_C)^2} = \sqrt{8.3[mS]^2 + 10[mS]^2} = 13[mS]$$

이고 임피던스 Z는

$$Z = \frac{1}{Y} = \frac{1}{13[mS]} = 77[\Omega]$$

위상각 θ는

$$\theta = \tan^{-1}\left(\frac{B_L - B_C}{G}\right) = \tan^{-1}\left(\frac{10[m\Omega]}{8.3[m\Omega]}\right) = 50.3^{\circ}$$

【예제 20.4】

RLC 병렬회로에서 전압원을 V_S=10[V]로 인가할 때 각 소자에 흐르는 전류와 전체 전류 I_S를 구하시오. 여기서 R=4.7[kΩ], X_L=10[kΩ], X_C=5[kΩ]이다.

풀이

각 소자에 흐르는 전류는

$$I_R = \frac{V_S}{R} = \frac{10[V]}{4.7[k\Omega]} = 2.13[mA]$$

$$I_L = \frac{V_S}{X_L} = \frac{10[V]}{10[k\Omega]} = 1[mA]$$

$$I_C = \frac{V_S}{X_C} = \frac{10[V]}{5[k\Omega]} = 2[mA]$$

전체 전류 I_S의 크기와 위상각은

$$I_S = \sqrt{I_R^2 + (I_C - I_L)^2} = \sqrt{2.13[mA]^2 + (2[mA] - 1[mA])^2} = 2.35[mA]$$

$$\theta = \tan^{-1}\left(\frac{I_C - I_L}{I_R}\right) = \tan^{-1}\left(\frac{1[mA]}{2.13[mA]}\right) = 25.1^\circ$$

Ⅲ. 실험기기 및 부품

실험기기	멀티테스터, 오실로스코프, 저주파발진기, 브레드보드, 리드선
부품	1[kΩ], 50[mH], 1[μF] 각 1개씩

Ⅳ. 실험방법

1. RLC 직렬회로

1) [그림 20.3]과 같이 RLC 직렬회로를 구성하고, V_{P-P}=10[V], f=1[kHz]인 정현파 전압을 인가하시오.

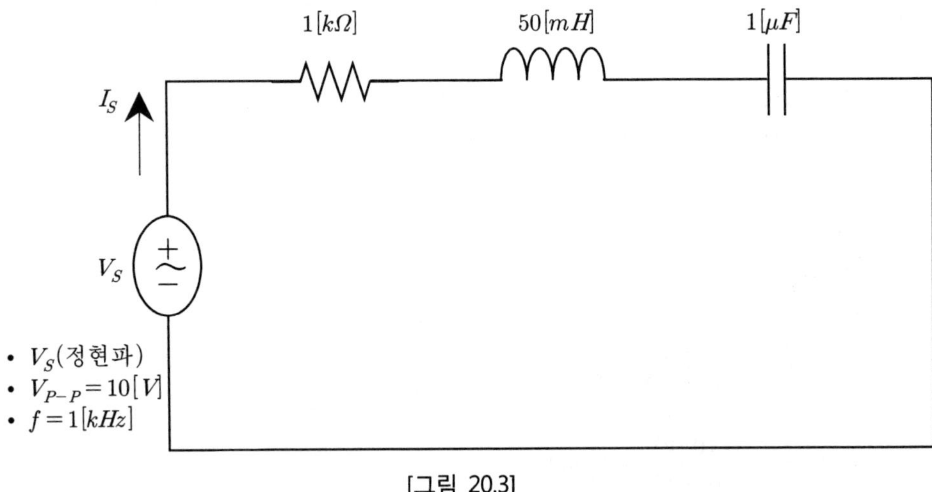

[그림 20.3]

2) [표 20.1]의 관련식(이론값)을 참조하여 [그림 20.3]의 회로로부터 X_L, X_C, Z, V_R, V_L, V_C, V_X, V_S, I_S, θ를 계산하고 그 결과를 기록하시오.

3) [그림 20.3]의 회로로부터 각 전압 V_R, V_L, V_C, V_S를 측정한 후 그 결과를 [표 20.1]에 기록하시오.

4) 측정된 전압 V_R, V_L, V_C, V_S를 이용하여 이 회로에 흐르는 전류 I_S 및 X_L, X_C, Z 및 θ를 관련식으로부터 구한 후 그 결과를 [표 20.1]에 기록하시오.

5) 정현파 전압 V_S의 주파수를 f=10[kHz]로 조정하고 위 실험 1)~4)를 반복한 후 [표 20.2]에 기록하시오.

[표 20.1] 정현파 전압 V_{P-P}=10[V], f=1[kHz]일 때

항목	이론값		측정값	
X_L		$2\pi fL[\Omega]$		$\frac{V_L}{I_S}[\Omega]$
X_C		$\frac{1}{2\pi fC}[\Omega]$		$\frac{V_C}{I_S}[\Omega]$
Z		$\sqrt{R^2+(X_L-X_C)^2}\,[\Omega]$		$\frac{V_S}{I_S}[\Omega]$
I_S		$\frac{V_S}{Z}[A]$		$\frac{V_R}{R}[A]$
V_R		$RI_S[V]$		측정
V_L		$X_LI_S[V]$		측정
V_C		$X_CI_S[V]$		측정
V_X		$V_L-V_C[V]$		$V_L-V_C[V]$
V_S		$\sqrt{V_R^2+V_X^2}\,[V]$		측정
θ		$-\tan^{-1}(\frac{V_X}{V_R})\,[^\circ]$		$-\tan^{-1}(\frac{V_X}{V_R})[^\circ]$

[표 20.2] 정현파 전압 V_{P-P}=10[V], f=10[kHz]일 때

항목	이론값		측정값	
X_L		$2\pi fL[\Omega]$		$\frac{V_L}{I_S}[\Omega]$
X_C		$\frac{1}{2\pi fC}[\Omega]$		$\frac{V_C}{I_S}[\Omega]$
Z		$\sqrt{R^2+(X_L-X_C)^2}\,[\Omega]$		$\frac{V_S}{I_S}[\Omega]$
I_S		$\frac{V_S}{Z}[A]$		$\frac{V_R}{R}[A]$
V_R		$RI_S[V]$		측정
V_L		$X_LI_S[V]$		측정
V_C		$X_CI_S[V]$		측정
V_X		$V_L-V_C[V]$		$V_L-V_C[V]$
V_S		$\sqrt{V_R^2+V_X^2}\,[V]$		측정
θ		$-\tan^{-1}(\frac{V_X}{V_R})\,[^\circ]$		$-\tan^{-1}(\frac{V_X}{V_R})[^\circ]$

2. RLC 병렬회로

1) [그림 20.4]와 같이 RLC 병렬회로를 구성하고, V_{P-P}=10[V], f=1[kHz]인 정현파 전압을 인가하시오.

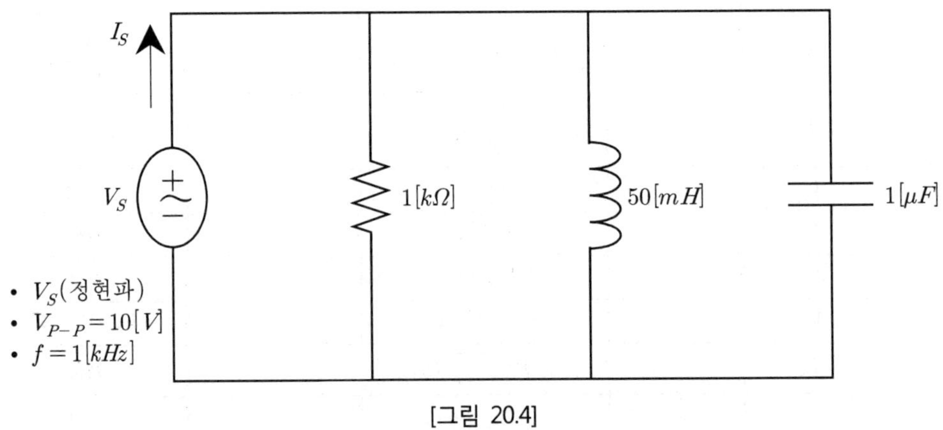

[그림 20.4]

2) [표 20.3]의 관련식(이론값)을 참조하여 [그림 20.4]의 회로로부터 B_L, B_C, Y, I_R, I_L, I_C, I_X, I_S, θ를 계산하고 그 결과를 기록하시오.

3) [그림 20.4]의 회로로부터 전압 V_S와 전류 I_R, I_L, I_C 및 I_S를 측정한 후 그 결과를 [표 20.4]에 기록하시오.

4) 측정된 전압과 전류로부터 I_X, B_L, B_C, Y 및 θ를 관련식으로부터 구한 후 그 결과를 [표 20.3]에 기록하시오.

5) 정현파 전압 V_S의 주파수를 f=10kHz로 조정하고 위 실험 1)~4)를 반복한 후 [표 20.4]에 기록하시오.

[표 20.3] 정현파 전압 V_{P-P}=10[V], f=1[kHz]일 때

항목	이론값		측정값	
B_L		$\frac{1}{X_L}=\frac{1}{2\pi fL}[S]$		$\frac{V_S}{I_L}[S]$
B_C		$\frac{1}{X_C}=2\pi fC[S]$		$\frac{V_S}{I_C}[S]$
Y		$\sqrt{G^2+(B_C-B_L)^2}\,[S]$		$\frac{I_S}{V_S}[S]$
I_R		$GV_S[A]$		측정
I_L		$B_LV_S[A]$		측정
I_C		$B_CV_S[A]$		측정
I_S		$\sqrt{I_R^2+I_X^2}\,[A]$		측정
I_X		$I_C-I_L[A]$		$I_C-I_L[A]$
θ		$-\tan^{-1}(\frac{I_X}{I_R})\,[°]$		$-\tan^{-1}(\frac{V_X}{V_R})[°]$

[표 20.4] 정현파 전압 V_{P-P}=10[V], f=10[kHz]일 때

항목	이론값		측정값	
B_L		$\frac{1}{X_L}=\frac{1}{2\pi fL}[S]$		$\frac{V_S}{I_L}[S]$
B_C		$\frac{1}{X_C}=2\pi fC[S]$		$\frac{V_S}{I_C}[S]$
Y		$\sqrt{G^2+(B_C-B_L)^2}\,[S]$		$\frac{I_S}{V_S}[S]$
I_R		$GV_S[A]$		측정
I_L		$B_LV_S[A]$		측정
I_C		$B_CV_S[A]$		측정
I_S		$\sqrt{I_R^2+I_X^2}\,[A]$		측정
I_X		$I_C-I_L[A]$		$I_C-I_L[A]$
θ		$-\tan^{-1}(\frac{I_X}{I_R})\,[°]$		$-\tan^{-1}(\frac{V_X}{V_R})[°]$

실험 21

공진회로

Ⅰ. 실험 목적

직렬 및 병렬 공진회로에 대한 개념을 실험을 통해 확인하고 주파수 공진 특성에 대해 이해한다.

Ⅱ. 이 론

1. 직렬공진회로

1) RLC 직렬공진회로

RLC 직렬공진회로에 교류전압이 인가될 때 전압과 전류의 위상이 동위상이 되는 회로를 직렬공진회로라 하며 이대의 주파수를 공진주파수(resonant frequency)라 한다.

[그림 21.1]과 같은 RLC 직렬회로를 생각해 보자.

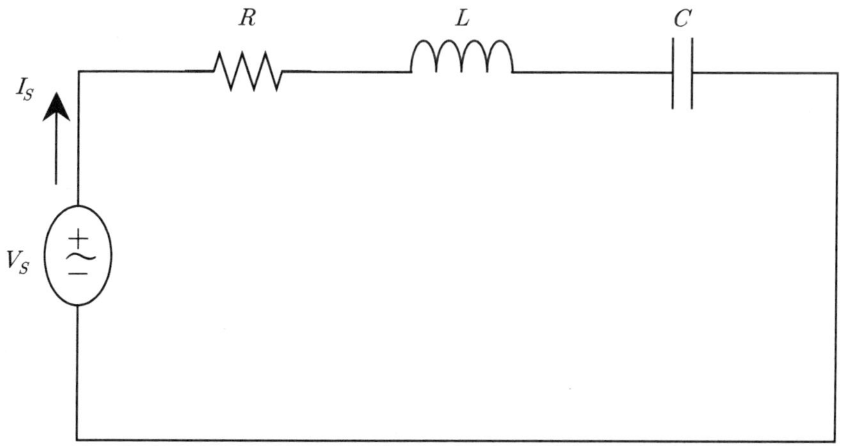

[그림 21.1] RLC 직렬회로

이 회로에 교류전압 V_S가 인가되고 전류 I_S가 흐를 때 직렬 임피던스 Z는

$$Z = R + jX = R + j(\omega L - \frac{1}{\omega C}) \tag{21.1}$$

로 된다. 여기에서 ωL = X_L, 1/(ωC) = X_C라 하면

$$Z = \sqrt{R^2 + (X_L - X_C)^2} \tag{21.2}$$

로 된다. 여기에서 ωL = 1/(ωC)라 하면 임피던스 Z=R, 즉 저항성분만 존재하게 되다. 이를 공진이 일어났다라고 하며 이때의 주파수를 공진주파수라 한다. ωL = 1/(ωC)일 때의 공진주파수를 ω_R이라 하면

$$\omega_R = \frac{1}{\sqrt{LC}} \tag{21.3}$$

가 되고, 이를 공진 주파수 f_R로 바꾸어 쓰면

$$f_R = \frac{1}{2\pi\sqrt{LC}} \tag{21.4}$$

로 된다.

2) RLC 직렬공진회로의 주파수 특성

만일 식 (21.2)에서 리액턴스부를 X_L-X_C = X라 하면 이때의 임피던스 Z는

$$Z = \sqrt{R^2 + X^2} \tag{21.5}$$

로 된다. 또한, [그림 21.1]과 같은 RLC 직렬회로에서 전압을 V_S라 하면 전류 I_S는

$$I_S = \frac{V_S}{\sqrt{R^2 + X^2}} \tag{21.6}$$

로 된다.

식 (21.5)에서 X=0이면 Z=R이 되므로 임피던스의 값이 최소가 되고 전류는 최대가 된다. 이때의 각 주파수를 식 (21.3)에서와 같이 ω_R이라 하면 ω_R의 변화에 따라 RLC 직렬회로에서의 리액턴스 곡선은 [그림 21.2]와 같다. 이 곡선에서 저주파에서는 X_C의 값이 커지므로 X<0이 되며 고주파인 경우에는 X_L의 값이 크기 때문에 X>0이 된다.

[그림 21.2]는 주파수 변화에 따른 임피던스 변화를 나타내는 곡선으로 이러한 곡선을

이용하여 공진곡선을 만들 수 있으며 공진주파수 f_R에서 임피던스는 주파수특성곡선과 역의 관계가 있으므로 공진주파수에서 어드미턴스는 최대가 된다.

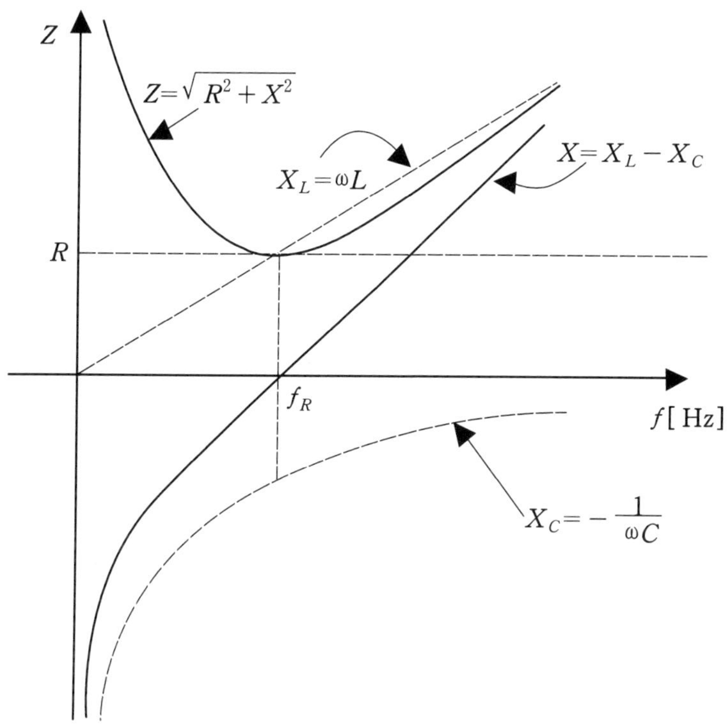

[그림 21.2] RLC 직렬회로의 리액턴스 공진곡선

2. 병렬공진회로

[그림 21.3]과 같은 RLC 병렬회로에 전압 V_S를 인가하였을 때 전류 I_S는

$$I_S = I_L + I_C$$

$$= \frac{V_S}{j\omega L} + j\omega C V_S = (j\omega C - j\frac{1}{\omega L}) V_S$$

$$= j(\omega C - \frac{1}{\omega L}) V_S = Y V_S \quad (21.7)$$

로 된다.

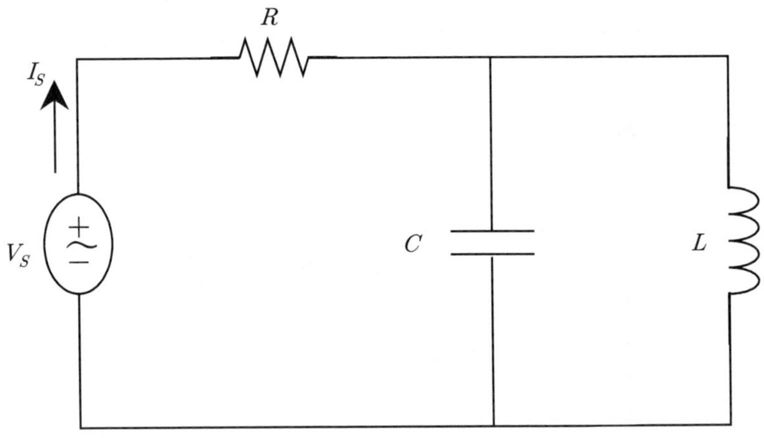

[그림 21.3] RLC병렬회로

여기에서 병렬공진 조건은 ωC=1/ωL이므로 어드미턴스 Y=0이다. 따라서, 병렬공진회로에서는 직렬공진회로와는 반대로 전류 I_S가 0이 되므로 전원으로부터 전류가 공급되지 않는다.

이와 같은 LC병렬회로에서 공진현상이 일어나는 회로를 이상적인 병렬공진회로 또는 탱크회로(tank circuit)이라고 한다.

실제로 코일에는 저항성분을 포함하고 있으므로 [그림 21.3]과 같은 LC병렬회로는 [그림 21.4]와 같은 RLC회로로 생각할 수 있다.

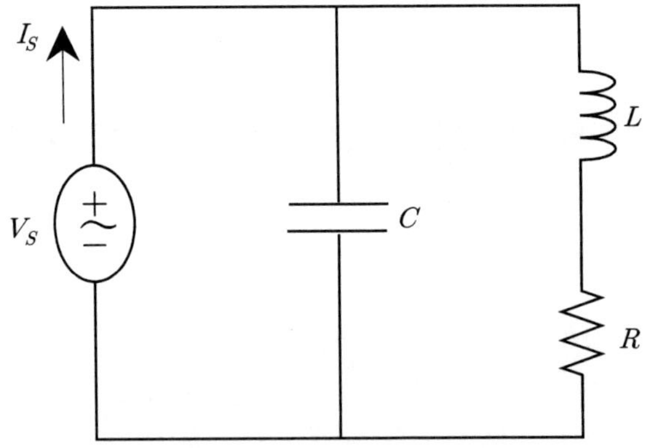

[그림 21.4] 이상적인 병렬공진회로(탱크회로)

[그림 21.4]에서 전체 전류 I_S는 키르히호프의 법칙에 의해서

$$I_S = I_L + I_C \tag{21.8}$$

로 된다. 여기에서 각 지로에 흐르는 전류 I_L, I_C는 각각

$$I_L = \frac{V_S}{R + j\omega L}$$

$$I_C = j\omega C V_S \tag{21.9}$$

로 된다. 식 (21.9)를 식 (21.8)에 대입하면

$$I_S = I_L + I_C = \left(\frac{1}{R + j\omega L} + j\omega C\right) V_S$$

$$= \left(\frac{R}{R^2 + (\omega L)^2} + j\omega C - \frac{\omega L}{R^2 + (\omega L)^2}\right) V_S$$

$$= (G + jB) V_S \tag{21.10}$$

로 된다.

식 (21.10)에서 G는 콘덕턴스이며 $G=R/(R^2+(\omega L)^2)$이고, B는 서셉턴스이며 $B=\omega C=\omega L/((R^2+(\omega L)^2)$이다.

식 (21.10)에서 서셉턴스 성분이 0이면 전압과 진류는 동상이 된다.

이와 같은 현상을 병렬공진이라 한다. 병렬회로에서 공진 각주파수를 ω_0라 하면

$$\omega_0 C - \frac{\omega_0 L}{R^2 + (\omega_0 L)^2} = 0 \tag{21.11}$$

가 된다. 여기에서 병렬조건을 만족하는 각주파수와 주파수 f_0를 구하면

$$\omega_0 = \sqrt{\frac{1}{LC} - \frac{R^2}{L^2}}$$

$$f_0 = \frac{1}{2\pi}\sqrt{\frac{1}{LC} - \frac{R^2}{L^2}} \tag{21.12}$$

로 된다.

여기에서 코일의 저항은 매우 작아서 $1/(LC) \gg R^2/L^2$인 조건이 충족된다면

$$\omega_0 = \frac{1}{\sqrt{LC}}$$

$$f_0 = \frac{1}{2\pi\sqrt{LC}} \tag{21.13}$$

로 된다.

[그림 21.5]에 병렬공진회로의 임피던스 Z의 특성곡선을 나타내었다.

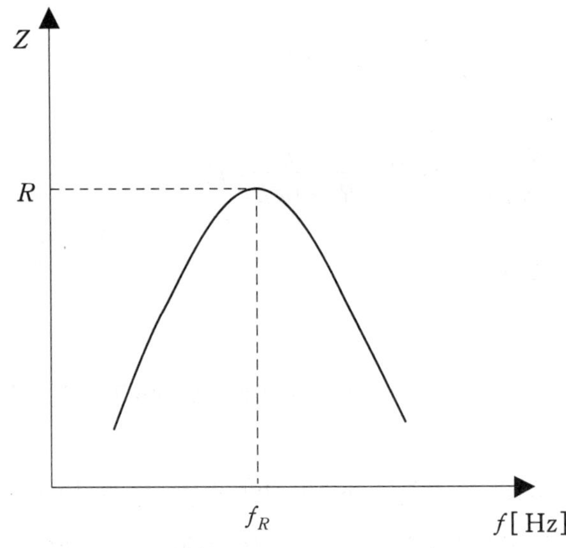

[그림 21.5] 병렬공진회로의 임피던스 특성곡선

3. 공진의 첨예도

[그림 21.6]은 직렬공진회로의 전류특성을 나타낸 것이다.

여기서, (a)는 ω_1, ω_2는 반전력점(half power point) 즉, $I = I_{max}/\sqrt{2}$가 되는 점을 표시한 것이고 B는 대역폭(bandwidth)이다. 또한, (b)에서는

$$Q = \frac{\omega_0 L}{R} \tag{21.14}$$

로 정의되는 Q지수(Q-factor) 값에 따른 공진의 첨예도를 나타낸 것이다.

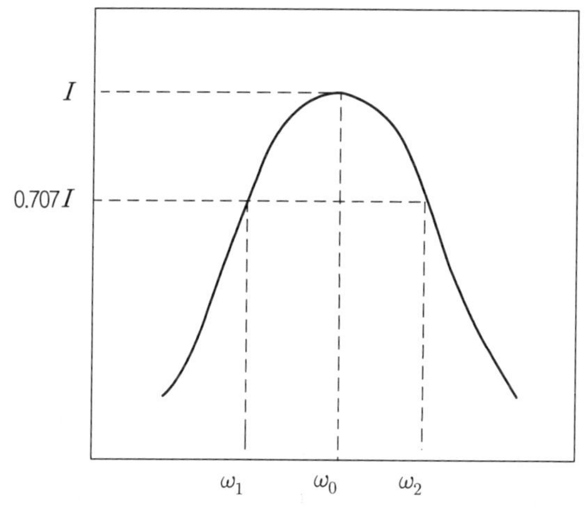

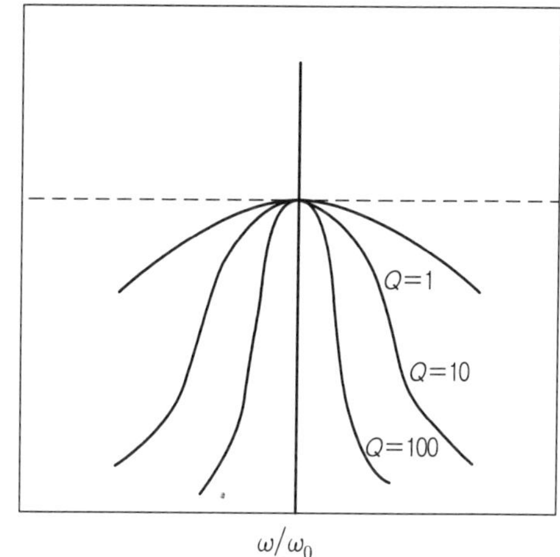

[그림 21.6] 공진의 첨예도

Ⅲ. 실험기기 및 부품

실험기기	멀티미터, 오실로스코프, 저주파발진기, 브레드보드, 리드선
부품	100[Ω], 10[kΩ], 30[mH], 0.0047[μF], 0.01[μF], 0.047[μF] 각 1개씩

Ⅳ. 실험방법

1. 직렬공진회로

1) [그림 21.7]과 같이 회로를 구성하고, V_{P-P}=5[V], f=30[kHz]인 정현파 전압을 인가하시오.

2) 이때, 저항은 100[Ω]이며 L은 30[mH], C는 0.0047[μF]으로 한다.

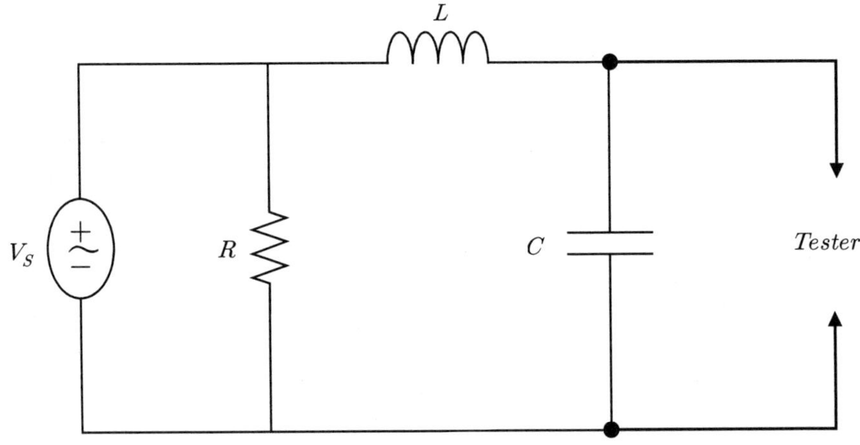

[그림 21.7] 직렬공진회로의 공진주파수 결정회로

3) [그림 21.7]에서와 같이 C 양단에 전압계를 연결하고 C 양단의 실효전압 $V_{C(rms)}$를 측정하시오. C 양단에 나타나는 전압이 최대가 될 때까지 신호발생기의 주파수를 변화시켜 이를 공진주파수 f_R로 한다. 이 주파수를 표21-1의 측정값에 기록하며, 이론으로 공진주파수를 계산하여 [표 21.1]의 이론값에 기록하시오.

4) 이 공진주파수를 기초로 [표 21.2]에 나타낸 바와 같이 주파수를 변화시키면서 C 양단의 전압을 측정하여 [표 21.2]에 기록하시오.

5) [그림 21.7]에서 C만 0.01[μF]으로 교체한 후 실험 3)~4)를 반복한 후 각각의 실험값을 [표 21.1]과 [표 21.2]에 기록하시오.

6) [그림 21.7]에서 C만 0.047[μF]으로 교체한 후 실험 3)~4)를 반복한 후 각각의 실험값을 [표 21.1]과 [표 21.2]에 기록하시오.

[표 21.1] 직렬공진회로의 공진주파수 측정결과

인덕턴스	커패시턴스	공진주파수 fR[Hz]	
L[mH]	C[μF]	측정값	이론값
30	0.0047		
	0.01		
	0.047		

[표 21.2] RLC 직렬공진회로의 공진주파수 측정결과

	f[Hz]	V_R[V]	V_C[V]	V_L[V]	V_{L-C}[V]	I[A]	Z[Ω]
f_R+500							
f_R+400							
f_R+300							
f_R+200							
f_R+100							
f_R							
f_R−100							
f_R−200							
f_R−300							
f_R−400							
f_R−500							

2. 병렬공진회로

1) [그림 21.8]과 같이 회로를 구성하시오.

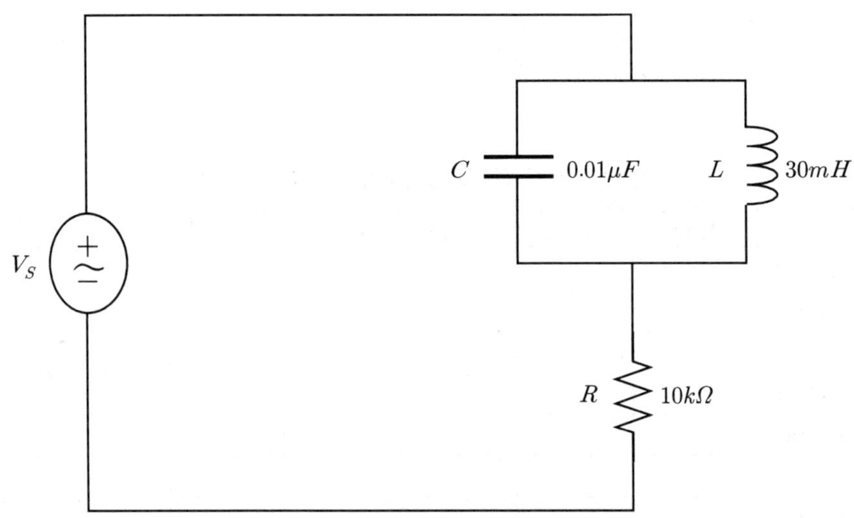

[그림 21.8] 병렬공진회로의 공진주파수 결정회로

2) 입력신호를 $V_{P\text{-}P}$=5[V] 정현파 전압으로 인가하고, 주파수를 변화시키면서 저항 10[kΩ] 양단의 전압변화를 관찰하시오.

3) 저항 양단의 전압이 최소가 되도록 주파수를 변화시키면 이때의 주파수가 병렬회로의 공진주파수이며 이 주파수 보다 크거나 작은 주파수에서는 전압이 증가할 것이다. 이 공진주파수를 [표 21.3]에 기록하시오.

4) 공진 주파수 부근의 주파수로 신호발생기의 주파수를 변경시키면서 그 때의 저항 양단의 전압을 측정하여 [표 21.3]에 기록하시오.

[표 21.3] RLC 병렬공진회로 공진주파수 측정결과

	f[Hz]	V_R[V]	V_{LC}[V]	I[A]	Z[Ω]
f_R+700					
f_R+600					
f_R+500					
f_R+400					
f_R+300					
f_R+200					
f_R+100					
f_R					
f_R−100					
f_R−200					
f_R−300					
f_R−400					
f_R−500					
f_R−600					
f_R−700					

부 록 디지털 오실로스코프

Ⅰ. 목 적

본 장에서는 Tektronics사의 디지털 실시간 오실로스코프 TDS220의 원리와 기능을 이해하고 사용법을 익힌다. 본 내용은 Tektronics사의 디지털 실시간 오실로스코프 TDS220 사용자 지침서에서 발췌한 것임을 밝혀둔다.

Ⅱ. 이 론

프론트 패널은 사용하기 쉽고 찾기 쉬운 기능 분야로 구성되어 있다. 본 장에서는 제어기 및 화면에 디스플레이 되는 정보를 간단히 훑어볼 수 있다.

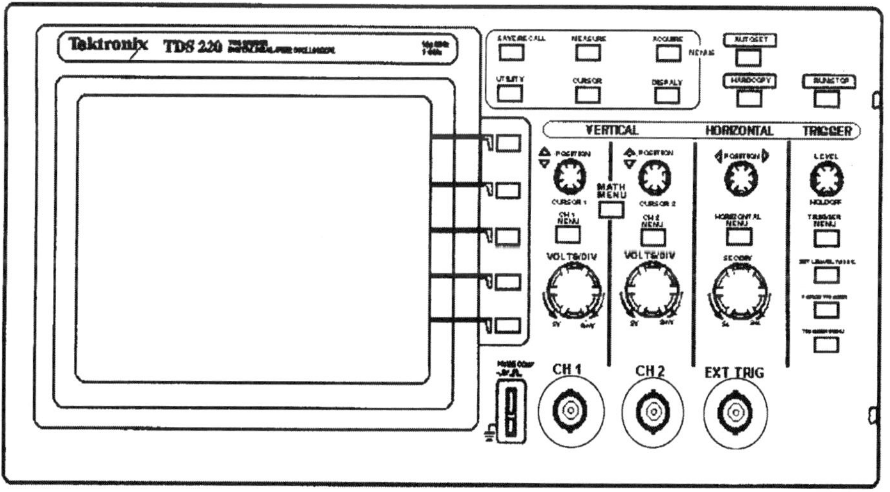

[그림 1] RDS 220 디지털 오실로스코프 전면 판넬

1. 작동영역

1) 디스플레이 영역

파형을 디스플레이 하는 것 이외에도 디스플레이에는 파형 및 계기 제어 설정에 관한 여러 가지 세부 사항으로 채워져 있다.

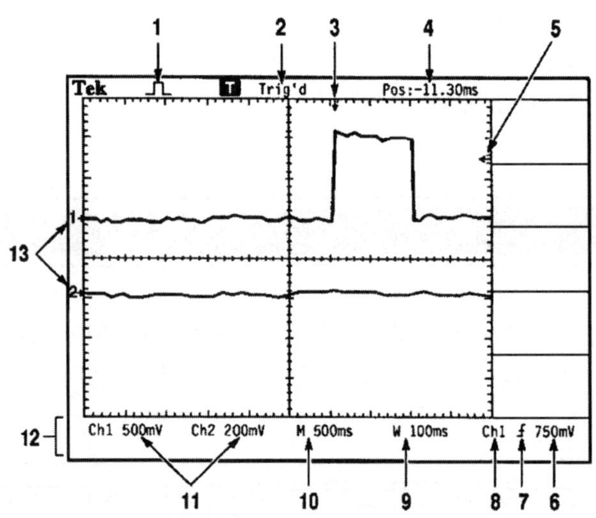

[그림 2] TDS 220 디스플레이부 설명도

① 아이콘 디스플레이는 획득 모드를 보여준다.

② 트리거 상태는 적당한 트리거 신호원(trigger source)이 있는지, 혹은 획득이 정지 되었는지를 보여준다.

③ 표시기는 수평 트리거 위치를 보여준다. 또한, 수평 위치 제어기가 트리거 위치를 사실상 수평으로 움직이므로 수평위치를 나타낸다.

④ 트리거 위치 디스플레이는 중심 격자선과 위치 사이의 간격을 보여준다. 화면 중심은 0과 같다.

⑤ 표시기는 트리거 레벨을 보여준다.

⑥ 판독(readout)은 트리거 레벨의 수치를 보여준다.

⑦ 아이콘은 에지 트리거링을 위해 선택된 트리거 경사를 보여준다.

⑧ 판독은 트리거링에 사용된 트리거 신호원을 보여준다.

⑨ 판독은 확대 범위 시간대 설정을 보여준다.

⑩ 판독은 주 시간대 설정을 보여준다.

⑪ 판독은 1번 및 2번 채널 수직 배율 계수를 보여준다.

⑫ 디스플레이 영역은 온라인 메시지를 잠시 보여준다.

⑬ 화면상 표시기는 디스플레이 된 파형의 접지 레퍼런스 포인트를 보여준다. 채널이 디스플레이 되지 않았음을 나타내는 표시기는 없다.

2) 파형 디스플레이

파형 디스플레이 획득은 여러 계기 설정에 따라 달라진다. 일단 파형을 얻으면, 측정할 수 있다. 이러한 파형의 형태는 또한, 파형에 대한 주요 정보를 제공한다. 종류에 따라 파형은 다음 3가지 형태로 디스플레이 된다.

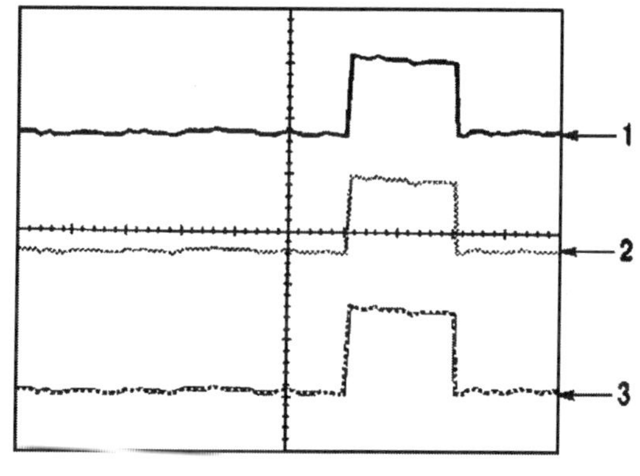

[그림 3] 파형의 종류

① 연속된 1번과 같은 파형은 활성 파형 디스플레이를 나타낸다. 미정의 디스플레이 정확도를 불안정하게 만드는 제어기가 변경되지 않을 경우, 획득이 정지되었을 때 파형은 1과 같이 유지된다.

② 레퍼런그 파형 및 지속기능이 적용된 파형은 2번과 같이 나타난다.

③ 3번과 같은 절선 출현은 디스플레이 정확도가 불확실하다는 것을 나타낸다.

3) 수직제어기

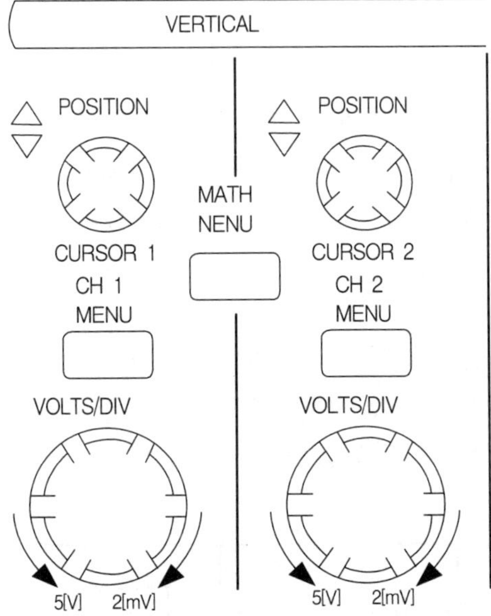

[그림 4] 수직 제어기

4) 수평제어기

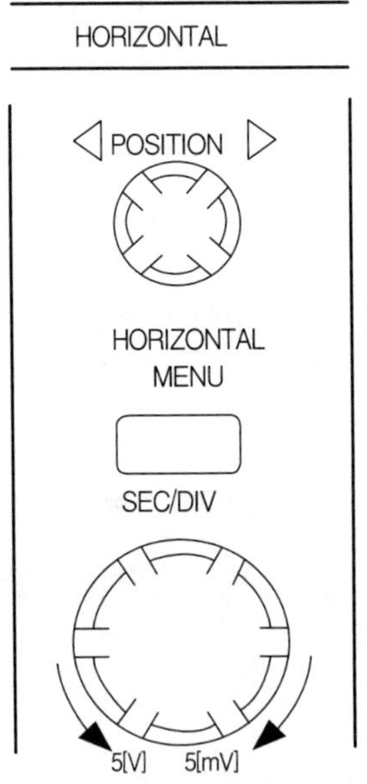

[그림 5] 수평제어기

- POSITION: 모든 채널의 수평 위치를 조정한다.
- HORIZONTAL: 수평 메뉴를 디스플레이 한다.
- SEC/DIV: 주 시간대 및 확대 범위에 대해 수평 시간/div(배율 계수)를 선택한다.

5) 트리거 제어기

- LEVEL 및 HOLDOFF: 본 제어과정은 수평 메뉴 시스템에서 정의된 이중 목적을 가진다. 트리거 레벨 제어기로서, 신호가 획득을 유발시키기 위해 통과해야 하는 진폭 레벨을 설정한다.
- TRIGGER MENU: 트리거 메뉴를 디스플레이 한다.
- SEL LEVEL TO 50%: 트리거 레벨은 신호 레벨의 50%까지 설정된다.
- FORCE TRIGGER: 적당한 트리거 신호가 없어도 획득을 시작한다.
- TRIGGER VIEW: TRIGGER VIEW 버튼이 눌려져 있는 동안에 트리거 파형을 채널 파형 자리에 디스플레이 한다.

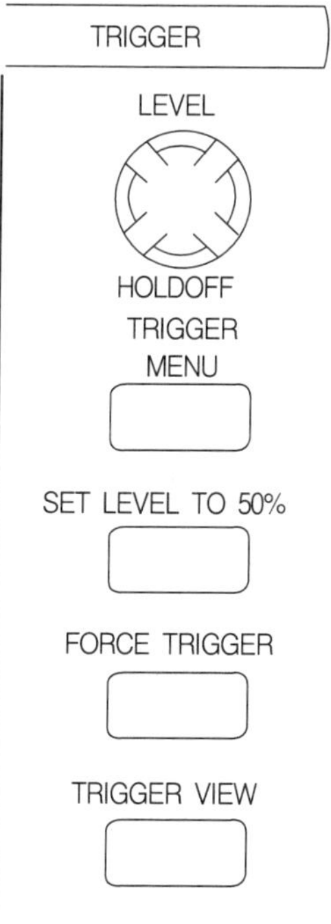

[그림 6] 트리거 제어기

6) 제어 버튼

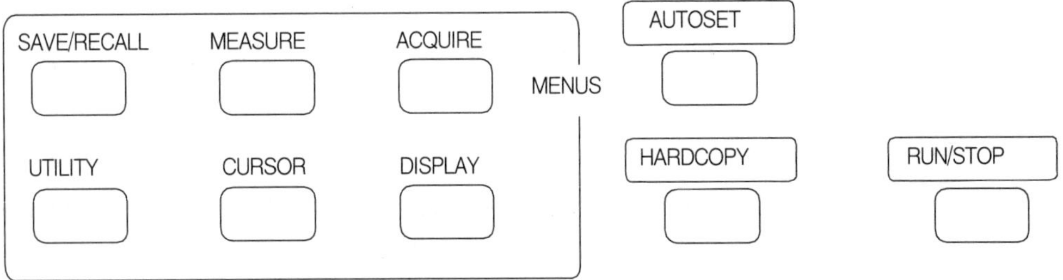

[그림 7] 제어 버튼

- SAVE/RECALL: 설정 및 파형을 위해 저장 및 호출 메뉴를 디스플레이 한다.
- MEASURE: 자동 측정 메뉴를 디스플레이 한다.
- ACQUIRE: 획득 메뉴를 디스플레이 한다.
- DISPLAY: 디스플레이 종류 메뉴를 디스플레이 한다.
- CURSOR: 커서 메뉴를 디스플레이한다. 커서 메뉴가 디스플레이 되는 동안 수직 위치 제어기는 커서 위치를 조정한다. 커서는 커서 메뉴가 없어진 후에도 디스플레이 된 상태를 유지하지만 (끄지 않는 이상) 조정할 수는 없다.
- UTILITY: 유틸리티 메뉴를 디스플레이한다.
- AUTOSET: 입력 신호 중에서 사용 가능한 디스플레이를 만들도록 계기제어기를 자동적으로 설정한다.
- HARDCOPY: 프림트작동을 시작한다. 센트로닉스 혹은 RS-232포트를 가진 확장 모듈을 필요로 한다.
- RUN/STOP: 파형 획득을 시작하거나 정지한다.

7) 커넥터

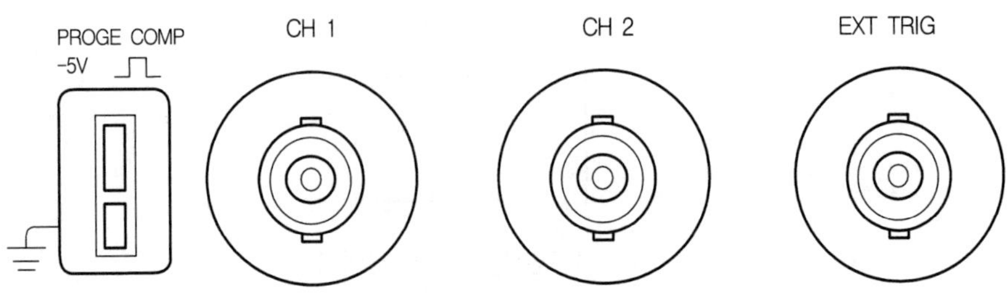

[그림 8] 커넥터

- PROBE COMP: 전압 프로브 보상 출력 및 접지. 프로브가 입력 회로에 전기적으로 일치하도록 이 보상기를 사용한다.
- CH1 및 CH2: 파형 디스플레이를 위한 입력 커넥터
- EXT TRIG.: 외부 트리거 시노원을 위한 입력 커넥터 신호원을 선택하기 위해 트리거 메뉴를 사용한다.

2. 레퍼런스

본 장에서는 각 프론트 패널 메뉴 버튼에 관련된 메뉴 및 작동 세부사항을 설명하고 있다.

1) 획득

획득 매개 변수를 정하기 위해 ACQUIRE 버튼을 누른다.

[표 1] 획득 매개 변수 설정

메뉴	설정	비고
샘플		이것이 디폴트 모드이며 가장 빨리 획득을 제공함
피크 검출		돌발사고를 검출하거나 엘리어싱의 가능성을 줄이기 위해 사용함
평균		신호 디스플레이에서 불규칙하거나 무관한 소음을 줄이는데 사용함. 평균 수치는 선택 가능함
평균 횟수 N	4 16 64 128	

※ 중요 사항: 협고한 돌발 사고가 간헐적으로 포함된 소음 방형파 신호를 프로브할 경우, 디스플레이 된 파형은 선택한 획득 모드에 따라 다양하게 변할 것이다.

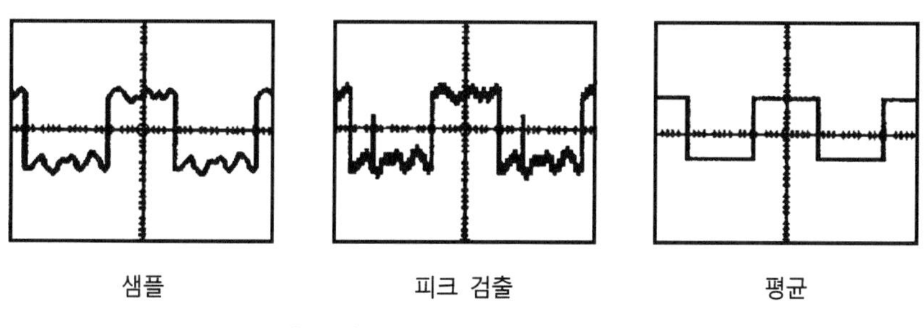

샘플 피크 검출 평균

[그림 9] 획득 모드에 따른 파형의 형태

다음은 획득 모드의 각 종류 및 그 차이에 대해 설명한다.

샘플: 2,500 포인트를 획득해서 SEC/DIV 설정에서 디스플레이하기 위해 샘플 획득 모드를 사용한다. 샘플 모드는 디폴트 모드이다.

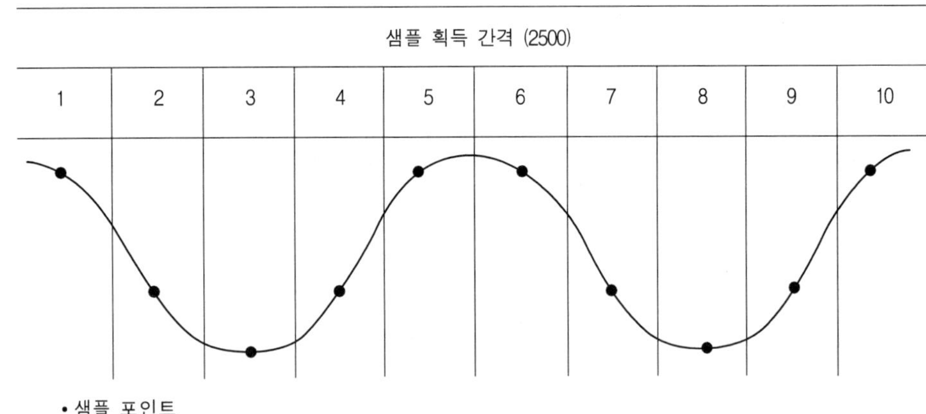

샘플 모드는 각 간격에서 단일 샘플 포인트를 획득한다. 최대 샘플 비율은 1GS/s이다. 몇 개의 SEC/DIV 설정치에서 이 샘플 비율은 2,500포인트를 획득하지 못할 수도 있다. 이 경우 디지털 신호 프로세서가 2,500포인트를 충족시키기 위해 샘플 포인트 사이에서 포인트를 생성한다.

피크 검출: 엘리어징의 가능성을 제한하도록 피크 검출 획득 모드를 사용한다. 또한, 10ns의 좁은 범위에서 돌발사고를 탐지하는 데 피크 검출을 사용한다.

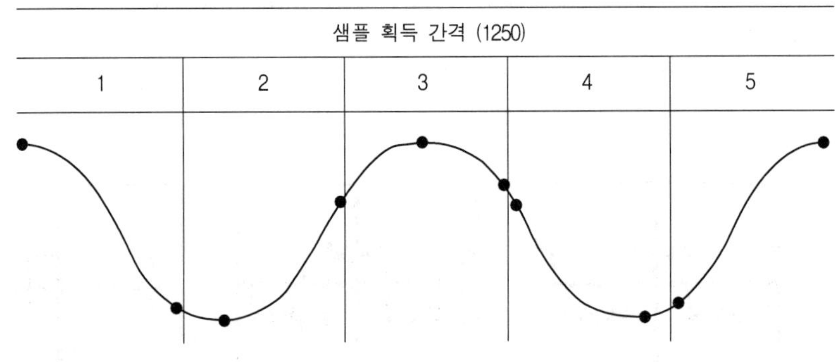

피크 검출 모드는 각 간격에서 최고 및 최저 획득 전압을 디스플레이 한다. 피크 검출

은 5[μs/div] 이하의 속도로 SEC/DIV 설정치에서 기능을 수행한다. 2.5[μs/div] 이상의 속도에서의 SEC/DIV 설정의 경우, 획득 모드는 자동적으로 샘플로 전환한다.

평균: 디스플레이를 원하는 신호에서 불규칙하거나 무관한 소음을 줄이기 위해 평균 획득 모드를 사용한다. 데이터는 샘플 모드에서 획득되며, 그때 파형 수치가 함께 평균화된다. 파형을 평균화하기 위해 획득 수치[4, 16, 64, 혹은 128]를 선택한다.

스캔 모드 디스플레이(Scan Mode Display): SEC/DIV 제어가 100[μs/div] 이하의 속도로 정해지거나 트리거 모드가 자동적으로 정해질 때, 계기는 스캔 획득 모드를 입력한다. 이 모드에서, 파형은 왼쪽에서 오른쪽으로 최근 정보를 디스플레이한다. 스캔 모드 동안에는 파형의 수평 위치 혹은 트리거 제어는 없다.

획득 정지(Stopping the Acquisition): 획득이 실행되는 동안 파형 디스플레이는 활성화 상태이다. 획득을 정지시키면 디스플레이가 멈춘다. 어떤 모드에서건 파형 디스플레이가 수직 및 수평 제어기와 함께 배율 혹은 위치되어 질 수 있다.

2) 자동설정

자동설정의 특서은 입력 신호 중에서 사용 가능한 디스플레이를 산출하도록 제어기를 자동적으로 조정하는데 있다. AUTOSET를 눌러서 다음 목록에 나와 있는 각 항목을 설정 혹은 조정한다.

[표 2] 자동 설정 목록

기능	설정
획득 모드	샘플
수직 커플링	DC (GND가 선택된 경우)
수직 VOLTS/DIV	조정
대역폭	충족
수평 위치	중앙
수평 SEC/DIV	조정
트리거 종류	에지
트리거 신호원	최저치 채널 디스플레이
트리거 커플링	DC, 잡음 제거 혹은 HF 제거에 맞춤
트리거 경사	상승
트리거 지연	최소
트리거 레벨	50%까지 세트
디스플레이 형식	YT
트리거 모드	자동

3) 커서

측정 커서 및 커서 메뉴를 디스플레이 하려면 CURSOR를 누른다.

[표 3] 커서 메뉴 항목

메뉴	설정	비고
종류	전압 시간 OFF	측정 커서를 선택하고 디스플레이함 전압은 진폭을 측정하며 시간은 시간 및 주파수를 측정함
신호원	CH1 CH2 MATH REFA REFB	커서가 붙어있는 채널 혹은 신호원의 파형을 선택함
절대차		커서 사이의 차이(절대차)는 여기에 디스플레이됨
커서1		1번 커서 위치를 디스플레이함(시간은 트리거 위치에 레퍼런스되고, 전압은 접지에 레퍼런스됨)
커서2		2번 커서 위치를 디스플레이함(시간은 트리거 위치에 레퍼런스되고, 전압은 접지에 레퍼런스됨)

※ 중요 사항: 커서 이동(Cursor Movement). 1번 및 2번 커서를 이동하려면 수직 위치 놉을 사용한다. 커서 메뉴가 디스플레이 되어 있는 동안에만 커서를 이동할 수 있다.

4) 디스플레이

파형을 나타내는 방법을 선택하고 전체 디스플레이 형태를 변경하기 위해 DISPLAY 버튼을 누른다.

무한으로 지속기능을 동시에 제어조전이 변경될 때까지 레코드 포인트는 누적이 된다.

무한으로 지속기능을 설정함과 동시에 제어조건이 변경될 때까지 레코드 포인트는 누적이 된다.

XY형식. 수평축의 1번 채널과 수직축의 2번 채널을 디스플레이하기 위해 XY 디스플레이 형식을 선택한다.

샘플 획득 모드가 사용되고 있으며 데이터는 도트로 디스플레이된다. 샘플링 비율은 1ms/s이다.

[표 4] 디스플레이 설정 메뉴

메뉴	설정	비고
종류	벡터 도트	전압은 디스플레이에서 인접한 샘플 포인트 간의 공간을 채움 도트를 샘플 포인트만 디스플레이함
지속기능	OFF 1초 2초 5초 무한대	여분의 샘플 포인트가 디스플레이 된 각각에 대해 시간의 길이를 설정함
형식	YT XY	YT형식은 시간(수직 눈금)에 대한 수직 전압을 디스플레이함 XY 형식은 수평축에서 1번 채널을, 수직축에서 2번 채널을 디스플레이 함
대비증가		디스플레이의 검은색(혹은 회색) 영역을 어둡게 함
대비감소		디스플레이의 흰색 영역을 밝게 함

※ 중요 사항: 지속기능(Persistence). 지속기능을 사용할 때, 새 데이터가 검은색 영역에 디스플레이 되는 반면, 보유하고 있는 이전 데이터는 회색 영역에 디스플레이 된다.

제어기는 다음과 같이 작동한다.

- 1번 채널 VOLTS/DIV 및 수직 POSITION 제어기는 수평 배율 및 위치를 설정한다.
- 2번 채널 VOLTS/DIV 및 수직 POSITION 제어기는 수평 배율 및 위치를 설정한다.
- 레퍼런스 혹은 MATH 파형
- 커서
- 자동설정(디스플레이 형식을 YT로 재설정한다.)
- 시간대 제어기
- 트리거 제어기

5) 하드카피

디스플레이의 하드 카피를 프린트하려면 HARDCOPY 버튼을 누른다. 하드카피는 CENTRONICS 혹은 RS-232 포트를 가진 확장모듈이 프린트에 설치, 연결되어 있어야 기능을 수행할 수 있다.

6) 수평

시간대, 수평 위치, 파형의 수평 확대를 변경하기 위해 수평 제어기를 사용할 수 있다.

[표 5] 수평 제어기 메뉴

메뉴	설정	비고
주 시간축		주 수평 시간대 설정은 파형을 디스플레이 하는데 사용함
확대 범위		커서 2개가 확대 범위를 규정함 수평 위치 및 SEC/DIV 제어기와 함께 확대 범위를 조정함
확대 시간축		확대 범위 안에서 파형 세그먼트(화면 폭까지 확장 됨)가 보이도록 디스플레이 변경함
트리거	레벨 지연	트리거 레벨 높이 트리거 레벨(전압)을 조정할지연 시간(초)을 조정할지 선택 지연 값(HOLDOFF VALUE)이 디스플레이 됨

※ 중요 사항: SEC/DIV. (RUN/STOP) 버튼을 사용하여) 파형 획득이 정지될 경우, SEC/DIV 제어는 파형을 확대 혹은 압축한다.

스캔 모드 디스플레이: SEC/DIV 제어가 100[μs/div] 이하의 속도로 설정되거나 트리거 모드가 자동으로 설정될 때, 계기는 스캔 획득 모드를 입력한다. 이 모드에서, 파형은 왼쪽에서 오른쪽으로 최근 정보를 디스플레이 한다. 스캔 모드 동안에는 트리거나 파형의 수평 제어는 없다.

WINDOW ZONE(확대 범위): 보다 자세한 내용을 보려면 확대 범위를 파형의 세그먼트를 확장하는 데 사용한다. 확대 시간대 설정치는 주 시간대 설정치 보다 느리게 설정할 수 없다.

HOLDOFF(지연): 비정기적인 파형 디스플레이를 안정시키는 것을 돕기 위해 지연을 사용한다.

지연은 계기가 트리거 이벤트를 인식할 때 시작하며 획득이 완성될 때까지 트리거 시스템을 기능 억제한다. 트리거 시스템은 각 인식된 트리거 이벤트에 따르는 지연 시간 동안 기능 억제 상태를 유지한다.

커서가 확대 범위를 규정한다

주 시간대 디스플레이

확대 범위 디스플레이

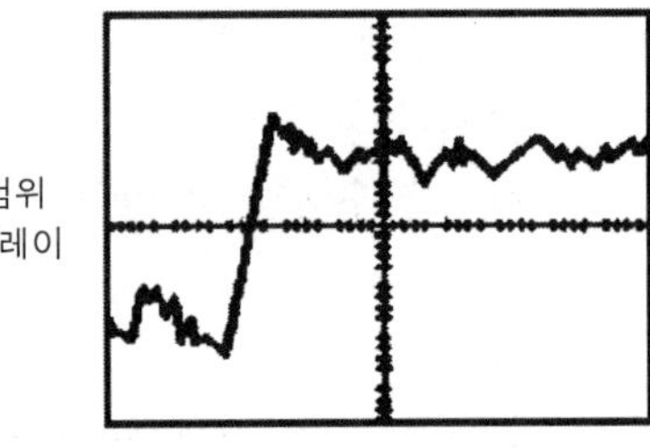

[그림 10] 시간대 설정치에 의한 파형 변화

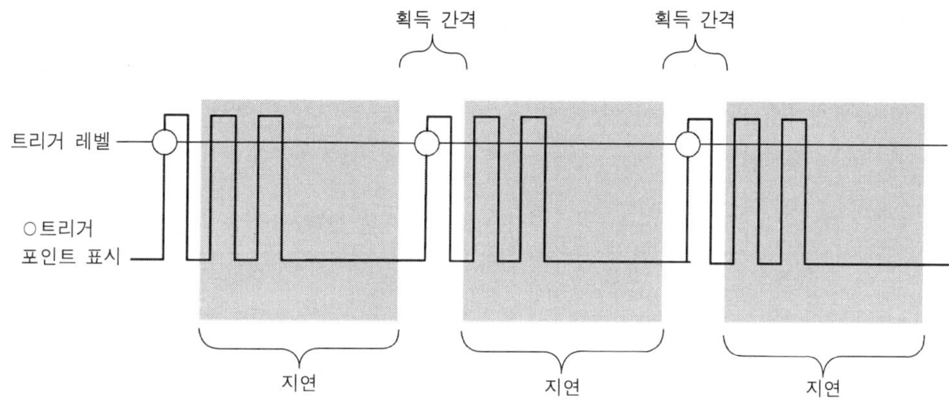

[그림 11] 트리거 이벤트에 따른 지연 시간

7) MATH

파형 MATH 작동을 디스플레이 하려면 MATH MENU 버튼을 누른다. MATH 파형 디스플레이를 끄려면 MATH MENU 버튼을 다시 누른다.

[표 6] Math 메뉴

메뉴	설정	비고
CH1~CH2		1번 채널 파형에서 2번 채널 파형을 뺀 것임
CH2~CH1		2번 채널 파형에서 1번 채널 파형을 뺀 것임
CH1+CH2		1번 및 2번 채널을 함께 더한 것임
CH1반전		1번 채널 신호 디스플레이가 반전 된 것(2번 재널이 반진 되면 1번 채널은 반전 될 수 없음)
CH2반전		2번 채널 신호 디스플레이가 반전 된 것(1번 채널이 반전 되면 1번 채널은 반전 될 수 없음)

※ 중요 사항: VOLTS/DIV. 1번 채널과 2번 채널의 파형을 배율하여 MATH 파형을 배율하기 위해 VOLTS/DIV 제어를 사용한다.

채널 디스플레이(Channel Display): MATH 파형을 디스플레이하여 MATH 파형 작성에 사용된 채널의 디스플레이를 지운다. 작동에 사용된 채널이 켜진 상태일 경우 MATH 작동은 꺼진다.

MATH 작동: 하나의 MATH 작동만 허용된다. 감산기 선택을 사용하면 감산기 작동을 위해 먼저 반전하고 그 다음 파형을 더하는 절차가 필요 없게 된다.

8) 측정

자동 측정 성능에 들어 가려면 MEASURE 버튼을 누른다. 5개의 측정이 가능하면 한 번에 4개까지 디스플레이 할 수 있다. 하이라이트 된 신호원으로 측정 기능을 수행하고자 하는 채널을 정한다.

[표 7] 측정 채널 선택

메뉴	설정	비고
신호원		하이라이트 된 신호원으로 측정하고자 하는 채널을 선택함
	CH1 CH2	측정하고자 하는 채널을 선택함 선택된 신호원(채널)이 디스플레이 되지 않으면, CHx Off가 디스플레이 됨

측정 메뉴를 디스플레이하고 종류를 하이라이트하여, 사용 가능한 각각의 메뉴 위치에 디스플레이 하도록 측정 종류를 선택함으로써 메뉴 구조를 정한다.

[표 8] 측정값 선택

메뉴	설정	비고
종류		하이라이트 된 종류로 화면상 메뉴 버튼 옆에 디스플레이 하도록 측정 종류를 선택함
	실효치 평균치 주기 첨두치 주파수 무 CH2	각 메뉴 위치에 디스플레이 되도록 측정 종류를 선택함 정지한 후 제거하도록 무를 선택함

※ 중요 사항: 측정수행: 단일 파형(혹은 두 파형 간의 분리된 파형)에 EOG 한번에 자동 측정을 4개까지 디스플레이 할 수 있다. 파형 채널은 측정할 수 있도록 켠(디스플레이 된) 상태에 있어야 한다.

자동 측정은 레퍼런스나 MATH 파형 혹은 XY 모드가 사용 중인 동안에는 취득할 수 없다.

[표 9] 여러 측정값의 정의

측정 종류	정의
실효치	파형의 완전한 사이클 1개에 관한 RMS 측정치 참값을 제공함
평균치	산술평균전압을 전체 레코드에 제공함
주기	한 사이클에 대한 시간을 제공함
첨두치	전체 파형의 최대 및 최소 피크간의 절대치 차이를 제공함
주파수	파형의 주파수를 제공함

9) 파형 저장 및 호출

계기 설정치 혹은 파형을 저장하거나 호출하려면 SAVE-RECALL 버튼을 누른다.

[표 10] 설정치 저장 및 호출

메뉴	설정	비고
셋업		하이라이트된 셋업은 계기 설정치를 저장 혹은 호출하기 위해 메뉴를 디스플레이함
초기치 호출		사전 정의된 초기치 설정을 위해 계기 제어기를 정함
셋업	1 2 3 4 5	현 계기 제어 설정을 저장하도록 기억장치 장소를 지정함
저장		저장 작업을 완료함
호출		설정 필드 내에서 선택한 장소에 저장되어 있는 계기 설정을 호출함

※ 중요 사항: 설정치 저장 및 호출: 완료된 설정치는 비휘발성 메모리 내에 저장되어 있다. 그 설정치를 호출하면 특정 모드로 들어가게 되는데 그 모드로부터 설정치가 저장되었다.

계기를 작동시킬 때, 모든 설정치는 계기를 멈췄을 때 있었던 설정치로 돌아간다.

초기치 설정 호출: 알려진 설정치로 계기를 초기화하기 위해 초기치 설정을 호출할 수 있다.

[표 11] 파형 저장 및 호출

메뉴	설정	비고
파형		하이라이트된 파형은 파형 저장 혹은 호출용 메뉴를 디스플레이함
신호원	CH1 CH2 MATH	저장할 파형 디스플레이를 선택함
Ref	A B	파형을 저장 혹은 호출하도록 레퍼런스 장소를 선택함
저장		선택된 레퍼런스 장소엔 신호원 파형을 저장함
Ref(x)	ON OFF	레퍼런스 파형 디스플레이를 켜거나 끔

파형 저장 및 호출: 비휘발성 메모리에 2개의 레퍼런스 파형을 저장할 수 있다. 이 파형들은 현 파형 획득과 동시에 디스플레이 할 수 있다.

10) 트리거링(Triggering)

2가지 종류(에지 및 비디오)의 트리거링 사용 가능하다. 메뉴의 각기 다른 세트가 트리거 종류별로 디스플레이 한다.

- 에지 트리거
  트리거 임계값에서 입력 신호의 에지 상에 트리거하기 위해 에지 트리거링을 사용한다.

[표 12] 트리거 설정 메뉴

메뉴	설정	비고
에지		하이라이트된 에지로 입력 신호의 상승 혹은 하강 에지는 트리거에 사용됨
경사	상승 하강	신호의 상승 혹은 하강 에지에서 트리거 하도록 선택함
신호원	CH1 CH2 EXT EXT/5 AC LINE	트리거 신호로 입력 신호원을 선택함
모드	자동 보통 단발	트리거 종류를 선택함
커플링	AC DC 잡음제거 HF 제거 LF 제거	트리거 회로에 적용된 트리거 신호의 두성요소를 선택함

※ 중요 사항: 보통 및 자동 모드, 유효 트리거 상에서만 트리거 하려면 보통 트리거 모드를 사용한다. 유효 트리거의 부재 상태에서 획득, 임의 실행(free-run)을 시키려면 자동 트리거 모드를 사용한다. 자동모드는 100[ms/div] 이하의 시간대 설정에서 트리거 되지 않은 스캐닝 파형만 허용한다.

단발모드: 이벤트 가운데 단발 획득을 포착하려면 단발 트리거 모드를 사용한다. 단일 획득 순서의 내용은 획득 모드에 따라 다르다.

[표 13] 자동 트리거 획득

획득 모드	단일 획득 순서
샘플 혹은 피크 탐지	획득이 이루어 질 때, 순서가 완료됨
평균	획득이 한정치에 도달될 때, 순서가 완료됨

AC 라인 신호원: AC line 트리거 신호원은 전력 신호를 트리거 신호원으로 사용한다. 트리거 커플링은 DC로 정해지며 트리거 레벨은 0볼트로 된다.

커플링: 커플링은 획득을 하는데 사용되는 트리거 신호를 통과하도록 한다.

- AC는 DC 구성부품을 차단한다.
- DC는 신호의 모든 구성품을 통과한다.
- 잡음제거는 신호의 모든 구성품을 통과하지만 요구되는 피크-투-피크 신호를 증가시킨다.
- HF 제거는 80[KHz] 이상인 고주파 구성부품을 감쇄한다.
- LH 제거는 DC 구성부품을 차단하고 30[KHz] 이하인 저주파 구성부품을 감쇄한다.

사전 트리거: 트리거 위치는 대표적으로 화면의 수평 중앙에 설정된다. 이 경우 사전 트리거 정보 가운데 5개의 디비전(division)을 관찰할 수 있다. 파형의 수평 위치를 조정함으로써 사전 트리거 정보를 더 많이 또는 더 적게 볼 수 있게 해준다.

트리거 관찰: TRIGER VIEW 버튼을 눌러서 트리거 파형을 디스플레이한다(버튼을 해제할 때까지 계속된다.).

트리거 획득이 디스플레이할 때 모든 프론트 패널 버튼은 HARDCOPY를 제외히고는 사용할 수 없다.

11) 수직

파형 디스플레이, 수직 배율 및 위치 조정, 그리고 입력 매개 변수 설정을 위해 수직 제어기를 사용할 수 있다.

수직 메뉴는 1번 채널 혹은 2번 채널을 위해 다음 항목을 포함하고 있다. 각 항목은 각 채널에 대해 개별적으로 설정된다.

[표 14] 수직 제어기 설정 메뉴

메뉴	설정	비고
커플링	DC AC 접지	
대역제한	200[MHZ] OFF	디스플레이 노이즈를 줄이도록 대역폭을 제한함
전압범위	보통조정 미세조정	VOLTS/DIV 높이 해상도 선택함 보통조정은 1-2-5순서를 정의함 해상도를 적은 단계로 변경함
프로브	1× 10× 100× 1000×	수직 배율 판독을 정확히 하기 위해 프로브 감쇄 계수를 일치시킬 때 이것을 선택함

※ 중요 사항: GND 커플링: 0 볼트 파형을 디스플레이하기 위해 접지 커플링을 사용한다. 접지 커플링을 사용할 때 BNC 커넥터는 내부 회로로부터 분리된다. 내부적으로, 채널 입력은 0 볼트 레퍼런스 레벨에 접속된다.

미세 조정 해상도(FINE RESOLUTION): 미세 조정 해상도를 설정에 있는 동안 수직 배율 판독은 실제 VOLTS/DIV 설정치를 디스플레이 한다. 설정치를 보통 조정으로 변경하여도 VOLTS/DIV 제어가 조정될 때까지 수직 배율은 변경되지 않는다.

파형 오프(WAVEFORM OFF): 디스플레이로부터 파형을 제거하기 위해 수직 메뉴가 디스플레이 하도록 CH1 메뉴 혹은 CH2 메뉴 버튼을 누른다. 파형을 끄기 위해 메뉴 버튼을 다시 누른다.

기초 회로 실험

지 은 이	김재문
펴 낸 이	김형근
펴 낸 곳	도서출판 기한재
주 소	경기도 파주시 회동길 56 (파주출판도시)
전 화	031)955-0900~2
팩 스	031)955-0100
등 록	1990년 3월 15일 제2-968호
발 행	2020년 4월 20일 1판 5쇄
정 가	16,000원

Published by Kihanjae Co.
ISBN 978-89-7018-744-0
http://www.kihanjae.com
E-mail : kihanjae@hanmail.net